belle vue

人 生 風 景 · 全 球 視 野 · 獨 到 觀 點 · 深 度 探 索

SpaceX升空記

Liftoff

Elon Musk and the Desperate Early Days that Launched SpaceX

馬斯克移民火星・回收火箭・太空運輸・星鏈計畫的起點

Ars Technica 科技新聞網站資深太空編輯 | Eric Berger 艾瑞克・伯格 著 李建興 譯

LIFTOFF

目次 Contents

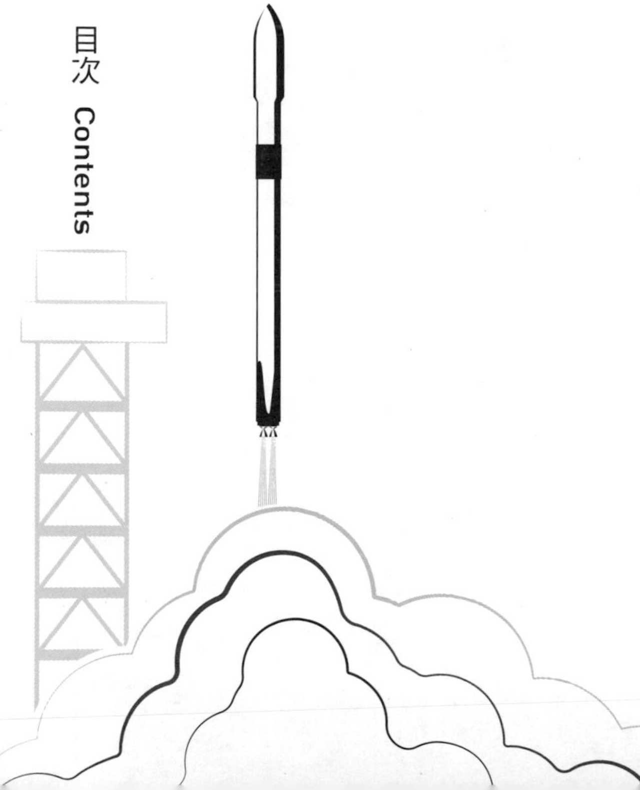

序幕

二〇一九年九月十四日

又大又紅的太陽沉入德州的地平線時，伊隆·馬斯克（Elon Musk）正要前往一艘銀色太空船。抵達它的水泥降落平台後，馬斯克抬頭讚嘆上方聳立的不鏽鋼蒸氣龐克風格機械在餘暉中閃閃發亮。「好像出自《瘋狂麥斯》電影裡的東西，」他這麼形容綽號「星蟲」（Starhopper）的第一具火星火箭原型機。

馬斯克在二〇一九年九月中旬來到他的德州南部火箭工廠，追蹤SpaceX公司的「星艦」（Starship）載具進度，那是為了送地球人上火星將近二十年的努力成果。幾星期前，星蟲飛上位於美墨邊界的美國側，海岸灌木叢上面的晴空。然後它差點墜毀。幸好聯邦航空總署（FAA）限制了這個航程的最大高度是一百五十公尺，所以工程師們在星蟲下降時失去控制力，只是腳架砸破平台的鋼骨強化水泥，而非爆炸成一團火球。馬斯克想到這點就笑了。創立SpaceX以來大半時間，他都在與監管機關搏鬥，永遠尋求飛得更快，更高。「這次，」他打趣說，「是FAA救了我們。」

這是他第一次造訪星蟲。馬斯克到處巡視，跟一些員工擊掌，與週末從洛杉磯過來隨行的三個兒子享受這一刻。他向孩子們解說，星蟲是用不鏽鋼做的，跟鍋碗瓢盆同樣的材質。然而，這個不鏽鋼看起來像在爐火上放太久了。連傍晚的昏暗也無法掩飾金屬上的密集焦痕。站在星蟲腳下，馬斯克仰望容納用來提供推進劑給「猛禽」（Raptor）火箭引擎的巨大燃料槽的空洞。「以裡面的高溫燃燒來說，看起來狀態出奇地良好。」他說。

馬斯克大老遠跑來通往墨西哥灣的這片平原。二〇〇二年，馬斯克創立SpaceX的用意是有朝一日要建造能載運數百個，接著幾千個移民上火星的太空船。火星雖然寒冷又沒有生命跡象，幾乎沒空氣，還是提供了人類往地球以外擴張的最佳地點。火星有極地冰帽，稀薄大氣含有很有用的化學物質，還有可以勉強維生的物質。以行星而言，它也相對較近。

多年以來，馬斯克靠SpaceX完成了一些傑出的壯舉，把太空人送上太空，把火箭降落在船上，並重塑了全球航太產業。但那些成就遠比不上嘗試送人上火星的膽量，這仍遠遠超過現今美國航太總署（NASA）或全世界任何其他太空機構的能力。即使每年預算逼近兩百五十億美元，還有些世界最聰明的科學家與工程師，把人送上月球的NASA距離送幾個太空人上火星還差了好幾步。

馬斯克想要在上面建立城市。或許應該說馬斯克內心有某種東西無情地驅使他這麼做。他很久以前就認定人類要有長遠未來，就必須擴張到其他星球，而火星提供了最佳的起步目標。

這件事極端困難，因為太空是個危險到離譜的地方，充滿輻射線，一出薄薄的加壓艙壁就死定了。維持長達一個月的火星任務航程所需的飲水、食物、燃料和衣物數量大到驚人，抵達之後，人類在地表上必須有真正可以存活的地方。NASA曾經送上火星表面的最大物體，「毅力號」（Perseverance）探測車，重量僅一噸。一次小型單人任務可能需要五十倍的物資質量。至於可持續的人類聚落，馬斯克認為他可能必須運送一百萬噸的物資去火星。所以他才在德州建造巨大、可重複使用的星艦載具。

在許多方面，現在的SpaceX跟馬斯克很久以前創立的公司有很大的差異。但在重要的方面，它仍維持不變。SpaceX公司憑著星艦計畫回到了它初期的艱困歲月，拚命排除萬難建造「獵鷹1號」（Falcon 1）火箭的時候。當年如同現在，馬斯克無情地督促他的員工加快動作，要創新，要測試，要飛得起來。草創時期與獵鷹1號火箭的DNA至今仍留存在德州南部的星艦工廠。公司的加州總部有張獵鷹1號發射的巨大照片，就懸掛在馬斯克的個人會議室牆上。

要了解SpaceX公司，它渴望走向何方，它為什麼可能成功，你必須追溯到獵鷹1號火箭並挖掘它的根源。SpaceX現今所成為的一切，種子是在馬斯克的獵鷹1號計畫初期就播下了。當年他想要建造世界第一具低成本的軌道火箭。如果SpaceX無法把獵鷹1號這種相對簡單的火箭射上軌道，開發火星的滿腔抱負都沒有意義。因此，他以燃燒的強度壓迫達成那個目標。

SpaceX一開始只有一座空蕩工廠和幾個員工而已。這個小團體不到四年就發射了第一具火箭，六年後到達近地球軌道。SpaceX如何熬過苦哈哈的草創時期的故事非常不同凡響。做出獵鷹1號的同一批人有很多至今仍留在SpaceX。有些人離開了。但是所有人都有關於早期形塑年代未曾透露的故事。

幫助馬斯克帶領SpaceX撐過最黑暗時代的這些男男女女，來自加州的鄉下農場、中西部的郊區、東岸的城市、黎巴嫩、土耳其，以及德國。馬斯克雇用他們全體，把他們塑造成一個團隊，哄騙他們做到幾乎不可能達成的事。他們通往地球軌道之路起於美國，到一個世界上距離各大陸塊遠到不能再遠的熱帶小島。而在太平洋中央，這家公司差點死了好幾次。

十幾年後，馬斯克和SpaceX跨越了區隔失敗與成功的鴻溝。在黃昏追逐星蟲之後，他花了幾個小時巡視他在南德州的火箭船塢。整個晚上，隨著滿月升起，員工們敲打焊接，用幾捲不鏽鋼板做出了真實比例的星艦原型。時間接近午夜時，他和兒子們從工地拖車現身。當他的孩子爬進等候的黑色休旅車，馬斯克停下來仰望建造中、看起來既像太空船又像摩天大樓的高聳星艦。

看到這一切，他臉上露出童稚的微笑。「欸，」馬斯克轉身對我說，「你相信這玩意或類似的東西，未來能夠在四十五億年來頭一次載人到另一個行星嗎？我是說，很可能。或許會失敗，但是很有機會。」

EARLY YEARS

1 草創歲月

二〇〇〇年九月—二〇〇四年十二月

對那些大膽到敢飛往火星的人，二〇〇三年夏天出現了好事即將發生的希望徵兆。由於行星運動的巧合，火星在七月會是六萬年來最接近地球的一次。當時，有家叫做SpaceX的小公司剛開始切割金屬，製造他們的第一具火箭。雖然它的初次發射還要等幾年，公司創辦人伊隆．馬斯克已經跨出了邁向火星的第一步。他明白沒找到對的人就哪也去不了。所以馬斯克面談了一次又一次，尋找願意全力投入他的目標——化不可能為可能，聰明又有創意的工程師。他開始找到人了。

布萊恩．畢爾德（Brian Bjelde）接到一位老同學來電時，對火星逼近與那年夏天馬斯克的夢想一無所知。他們就讀南加州大學時深夜在航太實驗室建立了交情，負責研究真空室與小型衛星。那位朋友名叫菲爾．卡索夫（Phil Kassouf），興高采烈地說到他為某個努力進取的矽谷富豪效力的新工作。那傢伙有個瘋狂計畫要造火箭，有朝一日飛往火星。卡索夫說，你應該來參觀一下，便把靠近洛杉磯機場的地址給了他朋友。

畢爾德當時過得很不錯。這個娃娃臉的二十三歲年輕人從加州鄉下農場的微薄收入，一躍來到大城市受人器重。畢爾德以航太工程師身分從南加大畢業之後，任職於NASA那聲譽卓著、位於洛杉磯北方的噴射推進實驗室。後來，NASA負擔了他的南加大研究所學費。身為兄弟會的顧問，畢爾德享有免費住宿，還可以自由選擇最好的週末派對。

所以畢爾德來到SpaceX設在艾爾塞貢多（El Segundo）的樸素總部時，他真的只是來參觀的。「一走進去，有張辦公桌，有兩道雙併玻璃門，」畢爾德說，「我走遍整間辦公室，跟人握手。有些灰色的小隔間。其實沒什麼好參觀的。只有一座空蕩蕩的工廠。他們才剛把工廠地板打蠟而已。」

畢爾德印象最深刻的是休息室的可口可樂機器。馬斯克從矽谷引進了這項創新——汽水無限暢飲，以維持員工隨時有咖啡因能夠工作。對來自學術界與NASA那種嚴肅環境的人，這很新奇。當他走過辦公室，小隔間的十幾人有一個問畢爾德他在噴射推進實驗室做什麼計畫，答案是建造機械太空船（即無人探測器）以探索太陽系。畢爾德解釋他使用半導體、電漿蝕刻與蒸氣壓力來研發小型衛星的新推進技術。

好喔，有人回應，但他對大型系統的推進有什麼想法呢？比方說火箭？突然間他頓悟了。畢爾德不是被正式邀請來參觀並且狂喝可樂。這是個徵才面談。

「結果我來到一個房間，」他說，「當時我不知道的是，這裡因為很冷而稱作冷凍肉庫。不知怎地，暖通空調系統的電路裡，這邊電流最強。裡面冷死人了。」

各路人馬輪番上場。他朋友卡索夫最先進來。然後是卡索夫的上司，公司的航電副總裁漢斯・柯尼斯曼（Hans Koenigsmann）跟畢爾德談話。最後，馬斯克本人走進來。只比畢爾德大十歲的馬斯克已經是很有錢又越來越紅的企業家。為了破冰，畢爾德利用平常的閒聊——幸會幸會，久仰大名，我很興奮能來到這裡。擅長觀察的馬斯克從來不是客套的人，直接問重點。

「你有染髮嗎？」馬斯克問。

一時手足無措的畢爾德回答沒有。馬斯克面試時常用的計策之一就是讓人出乎意料，看潛在員工如何反應。不過，他在畢爾德身上發現了瞎扯的天賦。畢爾德跟誰都能聊。所以迅速回神之後，他問馬斯克，「這是破冰台詞嗎？因為很有用。」

但馬斯克說他是認真的。他注意到畢爾德的眉毛很淡，而髮色較深。這位年輕工程師解釋這種落差很自然。不久，他們都大笑起來。

在三十分鐘的面談，馬斯克探問畢爾德的背景，也分享他創立SpaceX的願景，要讓人類成為真正的太空文明。六〇年代NASA的「阿波羅登月計畫」成功激發了一波學生對數學與科學的興趣，導致那個世代有很多工程師、科學家和教師。但這個潮流到了二十世紀末已經消退。畢爾德的世代是跟太空梭一起長大的，還有低地球軌道上的無窮革新，沒有「阿波羅號」探險家那樣大膽搏命。不像畢爾德，選擇主修真的因為航太（aerospace）按照字母順序列為理工志願的第一項，大多數酷孩子已經不搞太空了。他們喜歡醫學、投資銀行或高科技。

馬斯克是那些引領數位革命的人之一。他用PayPal協助讓銀行產業上網路。從通訊到醫療的每個領域，數位轉變開始加速。但是古板的航太產業似乎在倒退。美國和俄羅斯的公司仍在使用同樣幾十年前的科技把火箭射進太空，而且價格一直漲。事態似乎走錯了方向，所以馬斯克創立了SpaceX，如今一年後他想從基礎設計進入研發硬體。馬斯克想要畢爾德協助火箭的電子系統。

畢爾德坐在那個寒冷房間，有很多東西要觀察消化。他有個舒適的公職、光明的學術前途，還有活躍的社交生活。加入SpaceX會剝奪這一切。根據與卡索夫討論SpaceX的嚴苛環境，畢爾德知道來為馬斯克工作會讓他的人生天翻地覆。而馬斯克無法提供成功的保證。反正這麼小的團隊怎麼可能建造可以抵達軌道的火箭？以前從來沒有民間公司成功做到這種事，很多人嘗試之後失敗。這次面談之後，畢爾德懷疑他是否被灌輸了多半空洞的承諾。

過了幾天，他半夜一點鐘收到馬斯克助理瑪莉・貝絲・布朗（Mary Beth Brown）的電子郵件。他想要這份工作嗎？畢爾德發現這家公司有自己的運作速度。

起初，畢爾德嘗試談判加薪。NASA付給他不錯的年薪六萬美元，加上他的學費。SpaceX給得較少。為了跟遠見者工作的機會，以他能認同的使命感從事啟發性的計畫，畢爾德必須接受減薪。反覆考慮時，他想起高中化學老師王爾德小姐，她的人生目標清單很古怪。學生時代的畢爾德發現她在機會出現時會把握，完成在埃及金字塔下跳肚皮舞之類的項目。所以這個職缺吸引了畢爾德和他的冒險心，他決定抓住馬斯克的這個機會。畢竟，前往火星是困難到發瘋的目標。幾乎不可能，但**並非**不可能。

「我寧可認為我們有生之年可以活在這樣的世界，在這活著宛如短暫的一眨眼間，我們可以做出迅速改變，讓你我或任何人能有辦法負擔得起，」他談到上火星，「那是近在我們眼前的事情。並非遙不可及。」

稍後畢爾德得知，在他參觀SpaceX之前，卡索夫已經極力保薦他。公司需要能幫火箭的大腦建造電子系統、硬體和軟體好幫助火箭飛得筆直的人。畢爾德根本不是電子工程師。但卡索夫告訴了馬斯克他們在南加大長時間共事、熬夜和他朋友對解決困難問題的熱情的歷史。卡索夫簡直是用自己的信用推薦他朋友——對，畢爾德會為SpaceX與「獵鷹1號」火箭盡心盡力。二〇〇三年八月，布萊恩．畢爾德雖然眉毛很怪，仍正式成為SpaceX的第十四號員工。

SpaceX的故事始於二〇〇〇年底，在美國的另一邊。馬斯克和企業家友人阿迪歐．雷西（Adeo Ressi）在長島快速道路上開車，當時PayPal的董事會剛解除馬斯克的執行長職務不久。還不滿三十歲的馬斯克在短期間內完成了很多事。不到十年前移民美國以來，他拿到了常春藤名校的經濟學與物理學學位，創立了兩家超級成功的公司。雷西想要知道，他接下來打算做什麼？

「我告訴阿迪歐我向來對太空有興趣，但我不認為那是民間個人能做的事情。」馬斯克說。

從阿波羅計畫全盛時期已經過了三十年。他心想，NASA一定對於登陸火星有些進展吧。當天稍後，馬斯克還在想那段對話，查看了NASA的網站。他很驚訝找不到任何把人類送上火星的計畫。他心想，或許只是網站設計不良吧。

並非如此：馬斯克開始在加州參加太空研討會時很快發現，NASA沒有這種計畫。不過民間團體已開始做一些有趣的事。他參加了行星學會（Planetary Society）的第一個研發太陽風帆計畫之類的創投。這個出會員資助的組織要建造能在太空張開、靠太陽光子的動能推動的風帆。馬斯克也資助了XPRIZE基金會，他們提供一千萬美元給第一個建造能載人進行短程次軌道飛行的民間太空船的團體。後來在二〇〇一年，馬斯克設定了自己的民間太空計畫，以啟發大眾支持NASA與探索火星。馬斯克想打造個小型生態球發射到火星去。他稱之為「火星綠洲」（Mars Oasis）。

「構想是要採集一些火星土壤，帶進栽培室，」協助馬斯克建立小型火星登陸器概念的波音航太工程師克里斯．湯普森（Chris Thompson）說，「我們會把它跟一些地球土壤混合，丟進一些種子，用網路攝影機把植物生長情況傳回地球播放。」

在湯普森和另外幾位工程師開始研究生態球計畫的酬載面時，馬斯克和顧問們去了兩次俄羅斯，嘗試為火星任務收購翻新的洲際彈道飛彈。俄國人毫不尊重馬斯克，當他是業餘玩家，所以他們把舊火箭報了個天價。馬斯克擔心如果他接受這個價錢，他們只會在他寫支票之後抬高價錢。「上一趟去俄國，我心想，天啊，價錢一直漲，感覺這個計畫好像不會成功，」馬斯克說，「我猜想建造我們自己的火箭需要什麼。」

他的顧問之一，工程師兼傑出商人吉姆．坎垂爾（Jim Cantrell），鼓勵他認真考慮這麼做。於是馬斯克開始會見洛杉磯社群的火箭科學家，因為這裡是航太工程師密集地。他很快為萌芽中的壯舉選出了其他顧問，包括曾在波音與湯普森共事的約翰．賈維（John Garvey），後來加上火箭引擎的明日之星湯姆．穆勒（Tom Mueller）。許多其他企業家曾經試過搞火箭科學，馬斯克很清楚。他想從別人的錯誤中學習，以免重蹈覆轍。

二〇〇二年二月，賈維安排馬斯克造訪反應研究學會（Reaction Research Society）的發射場，這個聞名的火箭社團位於南加州。馬斯克沒有準備好應付莫哈維高地沙漠的強風與低溫。「我想當時戶外可能只有攝氏零下八度吧，」湯普森說，「他出現時穿著休閒褲、名牌皮鞋和單薄的皮夾克。」但是馬斯克很會發問也專心聆聽。他盡力讀了很多關於火箭的資料，從舊蘇聯技術手冊到化學家暨科幻小說家約翰．克拉克（John Drury Clark）關於推進劑的名著《點火》（*Ignition!*）。

學習火箭的一切同時，馬斯克也更深入了解到美國火箭產業的缺陷。他對火星綠洲的願景原本是為了啟發民眾，帶給NASA更多資助，最終延續阿波羅計畫的傳承，拓展人類能力抵達月球與火星。他看出NASA和全球火箭產業的問題不僅是資金而是系統性的。即使火星綠洲成功，NASA的預算倍增，他發現可能只會導致更多插旗留下腳印走人的任務。馬斯克只想要人類擴張到太陽系，並且在各地設立聚落。

「我開始了解為什麼東西這麼昂貴，」他說，「我檢視NASA養在馬廄裡的馬。靠波音和洛克希德這些工作馬，你就死定了。那些馬遜斃了。我知道火星綠洲是不夠的。」

那麼，朝向解決多行星問題的第一步就是壓低發射的成本。如果NASA和民營公司少花點錢把衛星和人送上太空，就能在太空中多做些事情。更多商業活動可以開啟更多的機會。這個覺醒刺激了馬斯克開始行動。

那年春天，馬斯克召集了大約十五到二十位知名的航太工程師到洛杉磯機場的文藝復興飯店。許多人是應麥克・葛瑞芬（Mike Griffin）的要求而來，這位社群領袖在三年後成為NASA的署長，而且馬斯克非常仰賴他的意見。賈維、穆勒和湯普森也都出席。

「伊隆以典型的個人風格，稍微晚一點現身，此舉顯然惹毛了現場許多資深航太主管，」湯普森說，「他走進來，基本上宣布他要創立自己的火箭公司。我記得很多人竊笑，有人大笑，大家都說，『小子你省點錢吧，去海灘坐一下。』」

這小子不覺得好笑。老實說，這場會議上表現出的懷疑，有些人還是他的心腹，更加激勵了他。有幾個朋友已經勸過馬斯克打消這個念頭。雷西剪輯了長達一小時的火箭失敗影片強迫馬斯克坐下來看完。工程師彼得・戴曼迪斯（Peter Diamandis）告訴馬斯克所有其他嘗試過卻失敗的企業家。「他講到我耳朵都長繭了，說我會賠光所有的錢。」馬斯克說。

他在文藝復興飯店的會議上環顧眾人，於是馬斯克從懷疑者之中尋找，發現了極少數相信者。馬斯克想要歡迎挑戰而非退縮逃避的人，樂觀者而非悲觀者。到了四月，馬斯克提供機會給五個人成為公司的創始成員。」他從PayPal賺了大約一億八千萬美元，打算冒險把其中一半用在火箭公司，還能剩下很多。馬斯克負責出錢，要求他的初期員工投資在血汗產權（sweat equity）①上。

五個人裡面只有兩人接受。可望獲得總工程師頭銜的葛瑞芬說他寧可留在靠近華府的東岸，可以當國家太空政策的重要影響者。馬斯克拒絕了國內跨州通勤的想法，這樣子可能才是最佳安排。葛瑞芬雖然聰明，任性的人格跟馬斯克很像，他們一定會有衝突。馬斯克繼續尋找適當人選，但是他說，「看似厲害的人沒有人願意加入，吸收不厲害的人又沒意義。」於是伊隆・馬斯克自己擔任總工程師。

他也喜歡坎垂爾，認為這個能言善道的工程師可以擔任SpaceX的業務開發主管。但是坎垂爾也不想搬家。為了搬離猶他州，他要求一大筆薪水和各種保障。「最後他決定不加入，」馬斯克說，「他只當過短期的顧問。」

第三個拒絕的是約翰・賈維，這位火箭科學家曾經熱心支持這項創投，所以有點出乎預料。賈維認為馬斯克的能把四百五十公斤東西射上太空的火箭概念或許野心太大，偏好較輕型的設計。他也希望馬斯克收購他的小型航太公司，賈維太空船公司。馬斯克說，而且賈維想要高階頭銜——財務長。馬斯克很困惑，因為賈維沒有財經背景。

被拒三次之後，馬斯克的名單上只剩兩個人。穆勒以前看過有好計畫卻沒錢，或是爛計畫卻有很多錢的火箭企業家。他認為馬斯克是有他喜歡的點子、又有足夠資本能夠撐過艱困的設計研發階段的人。最重要的，穆勒喜歡自己建造新火箭引擎的挑戰。當馬斯克給他機會這麼做，還有公司的股票，穆勒跟妻子商量。他在大型航太公司有穩定的工作。但他老婆知道他放過這個機會一定會後悔。她鼓勵他接受這個職缺。穆勒照做了。身為第一個簽約者，穆勒成為SpaceX薪資名單上的第一號員工。

湯普森剛成家不久，對於離開航太產業的舒適職位也有相同的疑慮。在四月底的電話中，馬斯克設法緩解那些疑慮。馬斯克深知湯普森和穆勒要放棄什麼，所以他把兩位工程師的兩年份薪水撥到信託帳戶裡。這麼一來，如果馬斯克決定永久結束這項創投，他們還是會有保障收入。這有助於湯普森說服老婆他應該接受這份工作。他唯一的遺憾呢？他考慮太久了所以成為第二號員工。

譯註①：指公司利害相關者為公司帶來的非金錢利益。

二〇〇二年五月六日，馬斯克創立了「太空探索科技公司」（Space Exploration Technologies）。原本他、穆勒和湯普森把公司簡稱為S.E.T.。過了幾個月，馬斯克想出一個比較醒目的綽號——SpaceX。

一開始，這三人組繼續在機場飯店會面。穆勒會報告他為火箭設計新引擎的進度，馬斯克很快把它命名為「獵鷹1號」。這個名字源自《星際大戰》的經典太空船「千年鷹號」，也因為這具火箭會有單一的主引擎。身為推進系統副總裁，穆勒必須研發這個引擎、火箭的燃料槽，以及輸送冷卻液態推進劑的系統。「結構」副總裁湯普森會盡力設計用鋁合金製造的最輕框架，還有火箭在飛行中分離的機制。

公司仍然需要監督航電系統的人，亦即獵鷹1號的搭載電腦與軟體。如果賈維加入，這個差事很可能落到他頭上。他的空缺，湯普森推薦一個名叫漢斯·柯尼斯曼的德國工程師，當時他在南加州一家叫作「小宇宙」（Microcosm）的小航太公司工作。馬斯克幾個月前在莫哈維沙漠那個寒冷的日子見過他，這位德國工程師立刻接納了馬斯克用小團隊建造低成本火箭的計畫。

「事情是這樣的，」柯尼斯曼說，「我並不想當太空人。那不適合我。真正吸引我的是嘗試只靠兩百人而非兩萬人建造火箭。幾乎像在車庫裡建造。我能用五百美元買得到的電腦對抗造價五百萬美元的電腦嗎？我覺得這才是他想做的事情。」

這正是馬斯克想做的事。因為他們在花他的錢，馬斯克給員工撙節開銷的誘因。雖然馬斯克保留大多數股份，初期受雇者可以享有大方的配股。當員工在社內自製零件而非向傳統供應商叫貨，為公司省下十萬美元，每個人都受益。

核心團隊就位後，馬斯克把公司搬進艾爾塞貢多的東大道1310號一棟巨大白色大樓。這座三萬平方呎的設施在當時似乎很寬敞，只有十來個員工坐在中央的辦公室區，外面是空蕩的工廠。隨著時間流逝，公司會把它填滿，像葛藤般擴張到周圍的辦公大樓。但在草創時期，SpaceX只有幾個小隔間、幾台電腦，幾乎沒有組織。

在安穩的NASA公職之後，畢爾德一開始上工馬上感覺到文化衝擊。以前他在NASA可以登入電腦，畢爾德要經過詳細的安全篩檢程序與多重導向。為了操作發射電子光束的機器，畢爾德耗了好幾天上訓練課程。

「當時在SpaceX，不來這一套，」畢爾德說起他報到的第一天，「你進來。門沒上鎖。櫃台沒有人。我遇到漢斯，他給我一個包裹，裡面有些關於福利制度之類的資料。然後他告訴我我必須做的事。」新人訓練到此結束。

在資料夾裡，畢爾德也發現了一些某人胡亂拼湊出關於獵鷹1號的飛行中止系統的基本資料。每一具從美國土地上發射的火箭都必須有允許發射台上的操作人員，通常是美國空軍或陸軍，萬一升空後偏離航線可用無線電下令火箭自毀的機制。這個系統必須不容失敗，因為失控的火箭可能對人口稠密區有潛在威脅。許多政府單位必須在設計圖上署名。所以首先，畢爾德必須學習怎麼建立系統。然後他必須設計出來，取得所有必要的政府核准文件，然後才終於能建造與測試。他必須動作快，因為馬斯克想要在一年後發射。

他們在密閉空間一起度過了漫長又通常忙碌的歲月。馬斯克對他的職場保持大致上自由放任的態度。他只提出一些強制規定：不准發出強烈氣味，不准有閃爍光線，也不准在全體共用的小隔間區發出吵鬧的噪音。他們經常熬夜到凌晨。畢爾德會睡在他的辦公桌下，也記得不只一次被踢醒去幫忙撰寫提案。

他們長期緊密相處，以致大家很容易合作。團隊小到每個人都認識所有人，每個員工都照其他部門的需要全力投入。

「每個人都被期待做好自己的工作，然後多分擔一點，」湯普森說，「如果穆勒有事需要幫忙，我會停下來，放下手邊工作，轉身去幫湯姆。如果需要幫忙設計測試站，我會出手。或是如果我需要幫忙，有人會馬上出手。那肯定是多工作業，包括警衛都是。」

確實，在SpaceX草創時期，公司除了馬斯克的明星助理瑪莉・貝絲・布朗沒有真正的支援人員。連清潔人員也沒有。葛溫・蕭特威爾（Gwynne Shotwell）在二〇〇二年八月受雇成為業務主管之後，她記得為了發射衛星的案子安排與政府客戶開會。她去公司樓上的會議室確保場地適合高階軍官。「他們一小時後就會抵達，現場一團亂，」她說，「所以我拿出吸塵器。業務副總裁在吸地，然後設法解決咖啡問題。」

每個員工也要在週五輪流去買冰淇淋。不到兩公里外開了一家Cold Stone Creamery冰淇淋連鎖店之後，迅速培養出這項辦公室傳統。附有訂購單的電子郵件在內部流傳，每個員工寫上自己的姓名或綽號與喜歡的口味。「老鼠雞」——就是畢爾德——可能點生日蛋糕冰淇淋。然後某人，這週可能是菜鳥，下週可能是副總裁，會拿著SpaceX公司唯一的信用卡去店裡下訂單，再帶回辦公室來。

「沒有任何工作比我們低階。」畢爾德說。

日益膨脹的團隊也靠電玩遊戲培養感情。漫長的一天工作之後，辦公室裡大多數員工會把手機放在桌上設定成會議模式。辦公室會有活力充沛的打趣和虛張聲勢，大家會上載《雷神之鎚III競技場》遊戲，那是可以多人連線的第一人稱射擊遊戲，也可以單挑決鬥。每個參賽者會選擇操縱的角色與武器，在虛擬遊樂場找尋目標。

「有些日子我們會一直玩到半夜三點，」湯普森說，「我們會像一群瘋子互相鬼吼鬼叫。戰況激烈時，伊隆也會加入。」

不是每個人都熬夜打電玩。被問到電玩聚會時，當年極少數女性員工的蕭特威爾發笑回應，「不，我從來不參加，」她說，「工作時間就夠累人了。」蕭特威爾說，有時候她和布朗會開玩笑說或許她們該開始玩《彩虹小馬》遊戲。

事實上，努力工作的團隊需要電玩的排遣。打敗經常要求在每週工作八十小時間達成不可能任務的老闆，很有發洩感。「我們有時候戲稱在SpaceX度日如年，」畢爾德說，「你一年會老七歲。這是真的。」

創立火箭公司要跑遍很多地方。SpaceX必須為引擎和燃料艙找到測試場地，還要有個發射地點。馬斯克必須會見潛在客戶。他和副總裁們必須為獵鷹1號無法社內自製的關鍵零件找到供應商。雖然馬斯克想要在SpaceX研發火箭引擎，他願意向供應商採購加壓艙。燃料槽可不簡單，它必須夠輕量，又能夠儲存高壓下極低溫又易燃的燃料。

二〇〇二年底，馬斯克安排會見一家在威斯康辛州綠灣的燃料槽製造公司。他和幾個工程師在前一晚抵達，投宿在商旅Holiday Inn Express。克里斯・湯普森和另一位創始員工史提夫・強生（Steve Johnson）想給馬斯克留下深刻印象而提早起床，所以老闆出現時他們已經在小餐廳吃早餐了。

「伊隆走過來，又去早餐檯拿起一包Pop-Tarts果醬土司餅乾，」湯普森說，「我覺得最怪的是我們大多數人把Pop-Tarts視為天經地義。他愣住了。那好像出自《2001太空漫遊》的場景，人猿查看巨石碑的時候。顯然那是當天早上他看過最有趣的東西。」

後來，馬斯克發現Pop-Tarts是最受歡迎的早餐。所以他開了一包把其中兩片放進烤麵包機，湯普森說。只有馬斯克犯了菜鳥錯誤把餅乾水平而非垂直地放進去。烤好彈起來之後，他必須用手指插進烤麵包機把它抓出來。這是個問題，早上六點鐘，馬斯克大聲慘叫起來，「幹，好燙！幹，好燙！」附近兩個坐在接待櫃檯的老太太困窘沉默地看著。

最後解決了。他們拜訪的綠灣那家公司幫不上SpaceX，但是介紹靠近密爾瓦基的另一家製造商Spincraft。SpaceX找到了燃料槽供應商。

這種長途出差很常見，幫助馬斯克跟高階幹部們培養感情。當然，他有時候是個難搞的老闆。但是早期員工都能立刻發現為想要做事、經常臨時作決定的人工作的好處。當馬斯克判斷Spincraft可以用公平價格做出良好的燃料槽，事情就定了。不用開會。不用寫報告。馬上搞定。

這種果斷風格不只出現在會面，也在艾爾塞貢多的辦公室裡。馬斯克會在小會議室裡說服不同團隊，無論是研究推進、結構或航電系統的工程師，檢討重大議題。如果某工程師面臨棘手難題，馬斯克會想要有機會解決它。他會提出建議給他的團隊一兩天去解決問題，然後向他回報。在過渡時期，如果他們需要指引，會被告知直接寫電子郵件給馬斯克，無論日夜。他通常幾分鐘內就會回應。在會談的過程中馬斯克可能不時顯得搞笑、嚴肅至極、追根究柢、嚴厲、反省，或拘泥於火箭科學的微小細節。但最重要的，他能導引某種超自然力量讓事情進展。伊隆・馬斯克只想把事情做好。

坐在會議桌那些位子上的工程師們也必須具備某種程度的瘋狂。首先他們必須接納馬斯克近乎不可能的企圖心與願景。但還是只有極少數人能夠在別人督促之下衝破最密集的技術難關，越來越快。馬斯克最寶貴的技能之一，就是判斷某人是否適合這個模式的能力。他的手下必須表現傑出。他們必須努力工作。而且不能胡說八道。

「外頭有很多冒牌貨，真材實料的人並不多，」馬斯克談到他面試工程師的方法，「我通常可以在十五分鐘內分辨，我也肯定能在共事幾天之內分辨。」馬斯克把用人當作優先要務。最初三千個員工，他親自見過公司雇用的每一個人。連深夜和週末也要工作，但他覺得為公司找到適當的人才很重要。

以菲爾・卡索夫為例。柯尼斯曼加入SpaceX之後僅一星期，他必須雇用一個電力工程師幫忙為獵鷹1號搭載的電腦設計並製作印刷電路板。柯尼斯曼從當年稍早在小宇宙公司就認識還在實習的卡索夫了。沒什麼能讓卡索夫驚慌失措，這個寶貴的二十一歲年輕人習慣了辛苦。他在戰火蹂躪的黎巴嫩長大，離家到美國來讀大學。他有腦子，但是沒錢。卡索夫缺乏念麻省理工或哈佛的財力，但有南加大提供的全額獎學金。他大學部還沒畢業，柯尼斯曼就鼓勵他來公司的艾爾塞貢多新辦公室參觀。

開始參觀不久，卡索夫不知不覺間已經坐在眼神嚴厲又喜歡讓面試者措手不及的老闆對面。面談過程的一部分是，馬斯克不想測試一個人的知識，而是他或她的思考能力。所以馬斯克對卡索夫的第一個問題是工程學的謎題。

「你在地球上的某個地方，」馬斯克說，「你有一面旗子和指南針。你把旗子插在地上，看看指南針，你知道它指向南方。於是你往南走一哩。然後轉彎，往東走一哩。然後轉彎，往北走一哩。驚訝的是，你回到了旗子邊。請問你在哪裡？」

卡索夫想了一會兒。他不可能在赤道，因為那要走一個正方形。也不可能是在南極，因為指南針會動。所以必定是在北極，因為在那裡的九十度轉彎會在地球頂端形成一個三角形。這是正確答案。馬斯克繼續問下一個問題，但是卡索夫打斷他。「等等，你還可能在另一個地方。」

這下馬斯克有興趣了。

「如果你在南極的北方，」卡索夫繼續說，「有個地方的地球圓周正好是一哩。如果你在那北邊一哩起步，往南一哩，繞過整個地球，往北回去一哩，就會回到起點。」

這是真的，馬斯克承認。然後他不再問卡索夫謎題，開始討論柯尼斯曼需要幫忙的事情。卡索夫只有二十一歲或缺乏大學文憑都不重要。他能勝任這個工作。

當馬斯克認出他想雇用的人，他可以很積極。二〇〇四年春天，布蘭特・阿爾坦（Bulent Altan）在史丹佛大學快完成航空碩士學業了。他打算在舊金山灣區找工作，因為他老婆瑞秋・塞爾斯（Rachel Searles）已經在谷歌找到好工作了。不過，阿爾坦有幾個研究所的工程師朋友最近剛搬到洛杉磯在SpaceX上班。其中一位史提夫・戴維斯（Steve Davis）發簡訊給阿爾坦說他會喜歡這家公司，應該來參觀一下。

在土耳其長大的阿爾坦講話有很明顯的腔調，兩年前才搬來美國。在德國讀完電腦科學之後，他喜歡上了北加州。想到這麼快又要搬家，尤其是搬到擁擠又有霧霾的洛杉磯，實在興趣缺缺。所以他來這趟只打算探望戴維斯和其他朋友。但是他在艾爾塞貢多工廠見到他們之後，阿爾坦很快被SpaceX的神祕感吸引，公司正在火速完成準備好初次飛行的獵鷹1號火箭版本。等他見到馬斯克時，阿爾坦發現自己想要來這裡工作。但是那個灣區計畫怎麼辦呢？

戴維斯預料到他朋友的難題。說服了馬斯克他們必須把這個年輕聰明的土耳其工程師挖過來，這成了解決問題的任務。他老婆在舊金山有工作嗎？她會需要在洛杉磯有工作嗎？「這些都是解決問題，而伊隆幾乎比任何人都擅長解決問題，」戴維斯說。

所以馬斯克和阿爾坦進行求職面談時有備而來。大約談到一半時，馬斯克告訴阿爾坦，「我聽說你不想搬來洛杉磯，一個理由是你妻子在谷歌上班。呃，我剛跟賴瑞談過，他們會把你太太調職到洛杉磯。所以你現在願意考慮嗎？」

為了解決這個問題，馬斯克打電話給他朋友兼谷歌共同創辦人賴瑞・佩吉（Larry Page）。阿爾坦驚訝呆坐了一會兒。然後回答，既然這樣，他想他應該可以來SpaceX上班。隔天塞爾斯走進谷歌的辦公室，上司經理說發生了一件怪事。賴瑞・佩吉打電話來交代如果她願意，就調去洛杉磯分部上班。相對於其他航太公司，馬斯克有很多東西提供給潛在員工。弗洛倫斯・李

（Florence Li）曾經在波音和NASA實習過，再面談應徵SpaceX的全職工作。馬斯克以他對太空飛行的願景提出了迷人的訴求。但不僅如此，他充分授權工程師們。在SpaceX，新進員工可以迅速培養技能並且承擔新責任。當時幾乎沒有管理階級，每個人都在研製火箭。「重要的是真正必須學習思考，因為沒人會給你簡單的工作，教你怎麼做，」弗洛說，「這真的讓我們都成為更優秀的工程師。」

卡索夫有時候打電話給在奧斯汀、德州或亞歷桑納州土桑就職的老同學，他們會交換意見。有個朋友在洛克希德馬丁公司研究F-35隱形戰鬥機，那是公司最賺錢的計畫。最後，空軍會以單價八千五百萬美元採購兩千多架。聽起來或許像風光的工作，其實不然。卡索夫的朋友只有一項職責，找到飛機起落架上某個螺絲的供應商，確保它符合所有品質規格。那顆螺絲就是他就業的一切。雖然他的朋友承認工作很無聊，但他喜歡工作之外的住家和生活方式。SpaceX則提供相反的體驗。工作很刺激又無所不包。「很難描述我在SpaceX的任何一個頭銜，因為它們很快變來變去，好像根本沒有頭銜。」卡索夫說。

當馬斯克驅使員工長時間工作，也創造一個他們會不分晝夜想待的環境。公司提供飲料和餐點。每個部門都有餐飲預算。隨著航電部門在柯尼斯曼手中擴張，遷移到一個街區外的內華達大道211號，每週可以收到馬斯克支付兩百五十美元去好市多採購零食。任務在部門成員之間輪換。有個叫璜・卡洛斯・羅培茲（Juan Carlos Lopez）的測試工程師會做精緻的墨式烤牛肉片之類餐點。也有人傾向比較簡單、高熱量的薯條和甜食。

因此，航電員工暫停製作印刷電路板、測試硬體或撰寫飛航軟體去休息時，他們可以邊打電玩邊吃零食。

「你真的需要東西來擺脫那比以前快得多完成事情的不間斷壓力，」阿爾坦說，「如果你在SpaceX沒有那種輕鬆的態度，在初期為了存活下來會過得很辛苦。」

☆☆☆

馬斯克在另一個重要方面跟競爭對手不同——失敗是可以接受的。在大多數其他航太公司，沒有員工想要犯錯，免得在年度績效考核上不好看。相對地，馬斯克鼓勵他的團隊動作快，做出東西，也弄壞東西。在某些政府實驗室和大型航太公司，工程師可能職涯奉獻給製作一大堆文書報告，卻沒有親手摸過硬體。設計獵鷹1號火箭的工程師花很多時間在工廠裡，測試新點子，而非辯論不休。少說，多做。

建造像火箭這種複雜系統基本上有兩個方法：線性與反覆（疊代）設計。線性方法以初始目標為起點，通過研發需求以符合目標，接著是很多個次系統的合格測試，然後組合成火箭的主體，例如它的結構、推進系統和航電系統。用線性設計，要花很多年完成計畫的工程才能開始研發。這是因為開始建造硬體之後要修改設計與需求會很困難、耗時又昂貴。

疊代方法以目標為起點，幾乎立刻跳進概念設計、基準功能測試和建造原型。這個方法的要領就是建造然後盡快測試，找出失敗處然後調整。SpaceX的工程師和技師在艾爾塞貢多的工廠現場就是這麼做的，他們可以用初期原型找到基本缺陷，修正他們的設計，建造後續更多「完成的」疊代。

像SpaceX這種獨立公司負擔得起後者的方法，行星科學家菲爾・梅茨格（Phil Metzger）說。他二〇一二年在NASA的甘迺迪太空中心共同創立了Swamp Works計畫，以促使這個太空機構朝向更精簡更快速的研發計畫，但是最終仍無法突破政府的官僚體制。

「我們總是在爭取遞迴、非線性的方法，這樣在計畫初期最好，」梅茨格談到他的NASA經歷。

「為了適應這個方法，你必須讓大家看到你失敗，當批評者拿你的早期失敗當藉口拒絕你也得退讓。所以國家太空機構才這麼難以採用這方式。地緣政治和國內政治是很殘酷的。」

失敗在SpaceX是個選項，一部分因為老闆經常要求團隊做到不可能的事。在會議中，馬斯克可能要求手下工程師做表面上看來很荒謬的事。當他們抗議不可能做到，馬斯克會用設計來啟發他們心智克服難題並找出潛在對策的問題來回應。他會問，「要怎樣才能做到？」

如果馬斯克要求卡索夫跳過十五公尺高的圍牆，他不想聽到那是不可能的。他希望卡索夫索取一支附有某種彈簧的彈跳桿，或者是噴射背包，克服這個問題。馬斯克逼迫他的工程師們針對難題嘗試新方法。如果他們有好主意，他會用資源支持他們。

馬斯克雇用幾個老鳥——湯普森、穆勒與柯尼斯曼——帶領他的推進、結構與航電部門之後，他多半引進剛畢業的大學生。他們大多數沒有重要的親友占用他們的時間，問他們何時能回家吃晚飯。他們住在公寓，而非需要割草的獨棟屋裡。他們沒有小孩要照顧。所以他們長時間努力工作，馬斯克榨乾他們能提供的一切。大多數人也樂意把人生的精華歲月獻給SpaceX。馬斯克像個海妖，用難以抗拒的歌聲召喚聰明的年輕人來到SpaceX。他提供醉人的願景、領袖魅力、大膽目標、資源與免費咖啡因調配的迷湯。他們需要什麼東西時，他就開支票。在會議中，他幫忙解決他們最困難的技術性問題。夜深之後，還是經常找得到他，在大家的身邊繼續工作。當他們需要鞭策，他會瞪著他們，或說幾句狠話。

透過這一切，馬斯克讓他們保持專注在發射上。原本他希望SpaceX在二〇〇三年底發射。他把行事曆貼在男廁的尿斗上方。公司無法如期發射，但到了二〇〇三年下半年，光亮的工廠地板開始放了火箭零件。就在兩年後，二〇〇五年十二月底，SpaceX把火箭裝上了半個地球之外的發射台，準備倒數發射。這樣瘋狂忙亂地衝向低地球軌道，始於馬斯克在艾爾塞貢多的大樓灌輸他的職場文化。他靠親自參與，舉行漫長的技術會議，讓想法自由交流與深夜的電玩活動做到了。有些人跟不上。你要嘛不是融入並接受苛求的文化，要不就是離職。

馬斯克最不想聽到員工說的話就是「可是一向都是這麼做的。」膨脹中的SpaceX團隊成員，無論老鳥菜鳥，都是外地來的。那些不是從大學直接錄取的，尤其是技師，都是來自有自己企業文化的波音或洛克希德之類大型航太公司。這些承包商的政府生意有大幅補貼，有特定的做事方式讓利潤極大化，同時滿足客戶的需求。這經常涉及延長合約，因為山姆大叔會付錢買他們的時間。在艾爾塞貢多的某次初期會議中，有些波音和洛克希德來的員工開始互相嘲笑他們的老東家，以及從前做事方式的優點。

馬斯克抬高聲量結束這段討論。「現在你們是在SpaceX工作，」他嚴厲地提醒他們，「誰要再提起一次，誰就要倒大楣。」

訊息很清楚。無論他們從哪裡來，無論他們在老東家學到什麼，他們現在是SpaceX團隊成員。馬斯克親自雇用他們所有人是為了改變世界。他們有工作要做，非常艱困的工作。

MERLIN

2 梅林火箭引擎

二〇〇二年八月—二〇〇三年三月

湯姆．穆勒對他在二〇〇三年三月的四十二歲生日期望很高。那是個忙亂的年度。加入SpaceX之後，穆勒一頭栽進為獵鷹1號火箭設計新引擎。尤其近半年來，過得簡直是一團模糊。首先，雇用幾個關鍵員工。然後把引擎測試搬到大老遠去做，從加州到德州。最後，他的小團隊完成了梅林（Merlin，意為「灰背隼」）引擎的核心。而現在，到了他的生日這天，他們打算測試引擎。

穆勒預料到這天要做梅林的心臟，推進室模組的第一次測試，帶了一瓶昂貴的烈酒到德州的麥格雷戈。幾星期前，他看到瑪莉．貝絲．布朗的桌上有顯眼的玻璃瓶裝人頭馬干邑白蘭地。她說，那是最近的太空會議喝剩的。一瓶零售價要一千兩百美元。

印象深刻的穆勒問可不可以把這瓶酒帶去德州給推進團隊，慶祝他們第一次發動引擎。答案是可以。「於是我拿了這瓶酒帶去，」穆勒說，「那大約是測試前的一個月，所以我收在麥格雷戈的櫃子裡跟部屬說，『在我們啟動引擎之前誰也不准碰。』我就讓它躺在櫃子裡，大家不去管它。」

三月十一日晚上九點五十分，推進團隊宣布梅林的推進室，也就是液態氧和煤油推進劑混合與燃燒的地方，準備好了。他們點燃引擎燃燒了半秒鐘。梅林的燃燒如同預期，關閉時也沒有爆炸。這一刻真正需要來點慶祝。穆勒發下小紙杯，開始倒酒。幾杯下肚後，團隊人員發現他們還得開車二十五分鐘從麥格雷戈測試場回他們在韋柯鎮外圍租的公寓。當時這個小團隊上下班都集體行動，搭乘一輛白色H2悍馬車。測試場主管是工程師提姆．布札（Tim Buzza），抽到籤負責當晚走八十四號國道開車回家。

大半路程平安度過，直到布札減速準備轉彎下高速公路，轉到通往他們公寓大樓群的平面道路。照後鏡裡有明亮燈光閃爍。有個德州警察打開巡邏車的警笛，把悍馬車攔停在路邊。這裡是德州。他們喝了酒。這很不妙。穆勒回想車裡的氣氛：「我們心想，『喔，該死。大家都要坐牢了。』」

警員走過來，抓住布札，把他拉下車。帶著布札走到車尾之後，警員指責地問，「好吧，這怎麼回事？」

布札回想他不確定自己做錯了什麼。悍馬車沒有超速或違反他知道的任何交通規則。布札猜想這輛光鮮的白色悍馬車可能吸引了警員的注意；德州鄉下公路上大多數車輛都是破舊的皮卡車和農業機具。

對布札來說，最佳做法似乎是說實話。他解釋說他們剛才第一次點燃了一具二十七噸重的火箭引擎，加班到深夜。布札跟警員說，車上所有人只想要再開兩公里路，回家，倒頭大睡。

州警說他從來沒聽過這麼扯的故事，他們最好是說實話。他放布札上路，跟著白色悍馬車回到公寓，整個推進團隊昏睡了一夜。湯姆・穆勒永遠不會忘記那個生日。

穆勒在愛達荷州的聖馬里斯長大。在這個美加邊界南方大約一百六十公里的小鎮，大半年時間夜晚溫度會降到冰點以下。高中的吉祥物是伐木工人，據此大概可以了解區域經濟。其實，穆勒的大半個童年時期，父親就在愛達荷州搬運木材，但是他一九七九年高中畢業時，他父親買了一輛小型推土機，用來把砍倒的樹木從森林裡拖出來，這個流程稱作滑行。

成年之後，穆勒發現他不想在愛達荷小鎮過伐木人生。沒錯，他和朋友在森林騎過越野腳踏車，那很好玩，但他也花很多時間泡圖書館，閱讀科幻書籍。他向來對火箭有興趣。他偏好Centuri品牌而非比較常見的Estes模型火箭，會在他祖父的田地發射。雖然愛看書玩火箭又很努力，穆勒並不太清楚愛達荷北部以外的世界，也不知道自己未來想做什麼。

後來穆勒在高中的幾何學課堂上有了幸運突破。老師名叫蓋瑞・海恩斯（Gary Hines），發現這個學生有數學天賦，跟穆勒說：「欸，你很擅長數學。你以後會當工程師，對吧？」

穆勒回答，他想或許會當個飛機技工。他喜歡用雙手工作，也喜歡會飛的東西。

老師說他認為穆勒的能力不僅如此：「你想當修理飛機的人，還是設計飛機的人？」穆勒聽起來覺得不錯。海恩斯幫忙確保穆勒剩餘的高中課程能讓他準備好上大學。所以當他的朋友高三那年去實習工作或上輕鬆課程，穆勒選了微積分和高等生物學。

另一位老師山姆．康明斯（Sam Cummings）也有深刻的影響。康明斯是那種接觸過很多人，會找出學生的天賦鼓勵他們表現出來的積極老師。康明斯在聖馬里斯高中教了三十四年科學，拿過州政府與國家級獎項。尤其是他會督促學生參加地方的科學展覽競賽。穆勒聽了建議，用父親的焊接噴槍做了一具火箭引擎。結果他獲選參加一九七八年的國際理工大展，生平第一次搭飛機去加州的安納罕比賽。

高中畢業後，穆勒湊足了錢去上距離聖馬里斯一百一十公里的愛達荷大學。但他還是無法擺脫伐木。為了付學費，他暑假會回家工作，在森林裡揮動電鋸。那是很勞累的工作，但薪水很好。他在山上度過漫長炎熱的日子，先要把樹砍倒，然後切掉上面的枝葉以便拖出去加工處理。在夏天，太陽清晨五點前升起，直到晚上九點才會日落。他和呼叫範圍內的搭檔一起合作。規矩是如果電鋸停止出聲一段時間，就要去查看搭檔的狀況。

一九八二年的夏季某天，穆勒砍倒一棵樹落在死樹附近，這是伐木最危險的行為之一。死樹是已經死掉、又高又白的樹，沒有枝葉。所以穆勒切完目標樹木的枝葉之後，仔細觀察死樹確認，即使有很多震動，它沒有倒向他這邊。死樹搖晃了一會兒，但似乎又穩定下來。穆勒鬆了口氣，彎腰把電鋸放到地上休息。站起來時，穆勒回頭看一眼死樹。它無聲地開始傾倒，很快占滿他的視野。他及時跳出死樹倒地位置。「要是我沒有抬頭看，」他說，「我就死定了。」但是幸好有。那棵樹只擦過他的左腳，他扭傷了腳踝。

穆勒花了五年才讀完大學，部分因為某年夏天老家他們不雇用伐木工人，所以他必須休學一學期存夠錢再完成學業。他畢業後，這位新出爐的機械工程師面臨接著該怎麼辦的困難決定。

幾年前，有個叔叔也上過愛達荷大學，也主修機械工程學。那個叔叔去了加州，在名叫「強生控制」（Johnson Controls）的工業建築公司找到工作。他不喜歡那個工作與地方，很快就回到聖馬里斯，擱置工程學位去當城市的清潔隊員。

但穆勒沒有因此氣餒。畢業之後，有家當地的堆高機公司想要雇用他，位於博伊西的惠普公司也是。但穆勒不太想去這兩家公司上班。他從小學三四年級就發射模型火箭。他建造過原始的火箭引擎。湯姆．穆勒最想做的事情莫過於離開愛達荷去建造真正的火箭。所以他告知父母他打算搬去加州。他在大學認識並且娶了老婆，他岳母住在洛杉磯。穆勒在南加州沒找到工作，但他知道那裡會有航太產業。他父母以為他瘋了。穆勒的父親說每年有幾百萬個大學畢業生。太空梭時代剛剛萌芽。每個人都想要那種工作。他怎麼會認為自己有機會找到工作呢？

「我想伊隆才因此喜歡我，因為我很樂觀，」穆勒說，「而我爸很悲觀，所以我不曉得我的樂觀是哪裡來的，但我心想，『不行，我要去找造火箭的工作。我要去，非做不可。沒什麼事能夠阻止我。』」

他們說他一定會回來。森林在等著他。但穆勒再也沒有回去。他搬去洛杉磯，就此踏出通往為大公司TRW，然後SpaceX設計火箭引擎工作之路的第一步。最後在二〇二〇年，將近十年來，第一批從美國境內抵達地球軌道的太空人會坐在他設計的火箭引擎上面。

一九八五年夏天一到達洛杉磯，穆勒開始寄出履歷表。但是他沒什麼資歷可以吹噓。他什麼都沒有，真的。而且他的成績平平。但他從五月到八月寄出了幾十封履歷信，沒有一家公司回應。他試著打電話給工程學雜誌上列出的公司自薦。還是沒有進展。到夏天結束時穆勒急了。在他腦中深處，他聽到父親懷疑的回音。夢想之城逐漸壓垮他的夢，穆勒深怕他可能必須吞下他的自尊搬回愛達荷去。

到了秋天有了突破，在他參觀航太徵才展覽的時候。他的履歷或許缺乏突出的特點，穆勒本人倒是充滿熱情與關於火箭的知識。他找到了三次面試，結果得到三個工作機會。洛克達因（Rocketdyne）航太公司給他研發太空梭主引擎的職缺，是個好差事，但是薪水很低。通用動力公司（General Dynamics）邀他加入刺針防空飛彈團隊，很吸引穆勒。那是個好工作，但是穆勒開車到洛杉磯西方的波莫納工廠時，濃到像森林火災的霧霾吞沒了他。他認為不適合。休斯飛機公司（Hughes Aircraft）給他研發人造衛星的職缺。那不是火箭引擎，但是薪水很高，而且他喜歡艾爾塞貢多的環境。他接受了這份工作，過了兩年，透過一位朋友，穆勒發現TRW有職缺。這是一家大型的汽車與航太公司，在太空上做過一些有趣的事，包括建造把太空人阿姆斯壯（Neil Armstrong）和艾德林（Buzz Aldrin）送上月球的火箭引擎。

結果他在TRW待了十五年，主要是做大大小小的火箭引擎研發。九〇年代中期，穆勒開始做TR-106計畫，那是幾十年來最強力的引擎之一。這具新的液態燃料火箭引擎能產生六十五萬磅推力，比太空梭主引擎多出大約三十％。穆勒希望靠TR-106贏得波音的合約去推動該公司的新型三角洲4號火箭（Delta IV）。穆勒說TRW估計能夠用單價大約五百萬美元建造引擎。波音卻堅持選擇由洛克達因建造、價格超過四倍的不同引擎。那家公司有悠久豐富的推進系統傳統——洛克達因就等同火箭引擎界的耐吉或路易威登——而且要收附加費。TRW沒有抗議。「我們的引擎運作良好，」穆勒說，「但是公司不支持。TRW不太在乎他們的火箭，他們只在乎太空船。他們保留火箭團隊，只是因為他們需要為了造太空船而當作必要之惡。」

大約開始研發TR-106引擎的時候，穆勒也開始參加反應研究學會的聚會。這個創立於一九四三年的社團在洛杉磯北方有自己的測試場，靠近加州莫哈維。週末時，社團成員會從市區往北開車兩小時去發射他們的作品。穆勒在這些聚會中與志同道合的愛好者交朋友，包括約翰・賈維。這兩人一見如故，後來共同研發出可能是世界最強力的業餘火箭引擎，有一萬兩千磅推力。穆勒做了大部分技術工作，而賈維提供工業園區的空間，籌錢買供給引擎的燃料艙。他們把那具火箭命名「BFR」，意思是「該死的大火箭」（Big Fucking Rocket）。

二〇〇二年一月，賈維告訴穆勒有個名叫伊隆・馬斯克的網路富豪這個週末想要過來拜訪他，看看他們的業餘引擎。穆勒沒想太多，直到幾天後，馬斯克和他的第一任妻子潔絲汀走進他們的工作室。她顯然懷孕了，但並未阻止這對夫婦盛裝打扮準備當晚的市區活動。他們的高雅與滿身大汗的火箭科學家形成強烈對比。馬斯克進來時，穆勒與賈維正在奮力把三十六公斤重的引擎安裝到框架上。

「你做過更大的嗎？」馬斯克問。

穆勒說明他過去研發大型TR-106引擎的工作，還有另外幾個推進系統的計畫。馬斯克一直發問，追問關於推力、燃料噴射器設計的技術細節，還有最重要的成本。穆勒至少需要多少錢才能建造一具強力引擎呢？馬斯克想要多聊一陣子，但是這對夫婦另有行程。他問他們是否可以下個週末再碰面。

穆勒猶豫了。他剛買了一台三菱五十五吋大電視，是那種搭配大電視櫃的龐大機型。當年，高解析電視是熱門新科技，福斯電視台第一次要製作超級盃美式足球賽的寬螢幕格式。穆勒和老婆計畫了派對，他想向朋友炫耀新電視。但馬斯克礙事了，因為他、賈維和其他幾個推進專家都要參加穆勒在長灘家裡的球賽節慶。

「我想我大概只看了一小段球賽。」穆勒回憶。三個月後他就加入了馬斯克的SpaceX。

☆ ☆ ☆

二〇一六年春天，亞馬遜創辦人傑夫・貝佐斯（Jeff Bezos）邀請了幾位記者參觀他在華盛頓州肯特市的火箭工廠。以前從來沒有媒體獲准進入，但貝佐斯創立十五年的機密太空公司「藍色起源」（Blue Origin）終於開始透露它的計畫全貌。貝佐斯就像馬斯克，看出了低成本進出太空是人類搬出地球進入太陽系的關鍵障礙。他也開始建造可重複使用的火箭。

在三小時裡，貝佐斯帶領大家參觀他的亮麗工廠，輪番炫耀藍色起源的觀光太空船、大型火箭引擎和大型3D列印機。他也分享了「不斷前進、永不退卻」（Gradatim ferociter）的基本哲學，拉丁文的意思是「一步一步，全力前進」。火箭研發從引擎開始，貝佐斯說明，當時他正在研發他的第四代引擎，稱作BE-4。「那是前置時間最長的品項，」他穿著藍白方格襯衫和名牌牛仔褲，輕鬆地漫步走過工廠說：「當你檢視建造載具，引擎研發是決定性項目。要花六七年。如果你很樂觀自認為可以在四年內做到，它還是會花掉至少六年。」

二〇一九年秋天，我們在馬斯克的灣流私人飛機上談話時，我向他轉述這個故事。那是個週六下午，我們要從洛杉磯飛到德州的布朗斯維爾。這段訪談原本安排在前一天的傍晚，在SpaceX的加州霍桑工廠。週五預定時間過了一小時之後，他那深感歉疚的助理發簡訊說發生了一件危機。馬斯克覺得很糟，她說，但我們勢必得把訪談延後。我回到飯店，那一晚助理回電時，我正準備飛回休士頓。馬斯克決定那個週末去公司在德州南部的星艦建造現場，想問我是否願意同行。我們可以在飛機上作訪談。

馬斯克的三個兒子也跟著父親走這一趟，還有他們家的狗馬文（以卡通角色火星人馬文命名）。那是隻細心照顧、訓練良好的哈瓦那犬，很愛牠的主人。馬文躺在馬斯克腳邊，我們坐在飛機後段的一張桌子邊開始訪談。馬斯克穿著黑色的「Nuke Mars」字樣T恤和黑色牛仔褲，叫孩子們也來聽老爸年輕時的故事。

馬斯克聽說貝佐斯的引擎研發時間表後笑了。「老實說，貝佐斯的工程學不太靈光，」他說，「事實上，我分辨某人是不是個好工程師的能力很強。我也很擅長把團隊的工程效率最佳化。我個人的工程學一向非常靈光。大多數的設計決策是我作的，無論好壞。」喜歡自誇？或許吧。但馬斯克領導下的SpaceX公司不到三年就建造與測試了第一具火箭引擎。

至少，馬斯克和貝佐斯會同意這一點：建造火箭的過程從引擎開始。畢竟，引擎（*engine*）是工程師（*engineer*）的字源。原則上，火箭的推進系統很簡單：氧化劑和燃料從各自的儲存槽流入噴射器，兩者混合之後進入燃燒室。在燃燒室裡，燃料被點火燃燒，產生超高溫的排氣。引擎的噴嘴把這些排氣的流動導往火箭想要前進的反方向。讓牛頓的第三力學定律——每個作用力都有同等的反作用力——發揮用處。

唉，建造機器來管理這些燃料流動、控制燃燒、引導爆炸讓東西飛上天的實務複雜到令人驚訝，更不用提燃料效率了。火箭引擎的推力取決於燃燒的燃料份量、噴氣速度和壓力。這些變數越大，引擎產生的推力越多，就可以把更重的酬載物送上軌道。反過來說，如果需要太多燃料才能產生夠大的推力，或者引擎太重，火箭就永遠無法離地。

馬斯克很快就承認，說到推進系統，穆勒不是好工程師——而是超棒的工程師。馬斯克為了獵鷹1號火箭想要一具輕量有效率的引擎，能夠產生大約七萬磅推力。他推測，這樣應該足以把小型衛星送上軌道。穆勒在TRW曾經協助設計與建造過幾具引擎，有些比這次的更強力，有些比較弱。梅林引擎會借鏡這些概念與想法的部分，但穆勒說他和馬斯克一開始是用「白紙」設計。穆勒的業界朋友很少人相信沒有政府支持仍有可能建造全新的液態燃料火箭引擎。「這些人都跟我說民間公司無法建造火箭引擎，要有政府的力量。」穆勒說。

SpaceX不是憑空發明出梅林引擎的。梅林跟幾乎所有火箭引擎一樣，是從先前的作品進化而來。例如，雖然穆勒研發過很多不同引擎，他缺乏渦輪幫浦的經驗。火箭會用掉很大量的燃料，渦輪幫浦就是盡快把推進劑餵給火箭引擎的機器。在獵鷹1號火箭裡，液態氧和煤油燃料會從儲存槽流入快速旋轉的幫浦裡，它會用高壓力把這些推進劑噴出去，把燃料送進燃燒室準備產生最大量的推力。穆勒必須解決的初期問題之一，就是怎麼建造渦輪幫浦。

一九九〇年代末期，NASA研發了一具幾乎跟提案的梅林引擎一樣強力，稱作Fastrac的火箭引擎。還有其他的相似處。Fastrac使用同樣的混合燃料，液態氧和煤油，有類似的噴射器，也有重複使用的潛力。雖然一連串試射成功，NASA卻在二〇〇一年捨棄了這項計畫。基於這些共通點，穆勒認為SpaceX或許可以使用NASA為Fastrac引擎建造的渦輪幫浦。他和馬斯克在二〇〇二年Fastrac廢案後不久拜訪NASA在阿拉巴馬州的馬歇爾太空飛行中心，詢問他們是否可以買下來。他們被告知，可以，但SpaceX必須透過NASA的採購計畫，可能要花上一兩年。這對SpaceX太慢了，所以馬斯克和穆勒改找上建造那款渦輪幫浦的承包商Barber-Nichols公司。

後來，Barber-Nichols建造Fastrac渦輪幫浦過程並不順利。為了配合較大型的梅林引擎，Barber-Nichols必須做很多重新設計工作。他們跟SpaceX工程師們來回溝通。拜訪這家科羅拉多州的公司期間，他們有個設計師碰巧向穆勒建議了引擎的名字。馬斯克選擇了Falcon（獵鷹）作為火箭名字，但說穆勒可以命名引擎，只規定不可以用FR-15之類的名字。它應該要有真正的名字。有個Barber-Nichols的員工也是馴鷹師，說穆勒最好用某種猛禽命名引擎。接著，她開始列舉各品種的猛禽。穆勒選了merlin（灰背隼，音譯：梅林），是一種中型獵鷹，命名第一節引擎。他把第二節引擎命名為最小的猛禽，kestrel（茶隼）。

二〇〇三年Barber-Nichols公司終於交出重新設計的渦輪幫浦給SpaceX時，仍然有些重大問題。穆勒和他的小團隊被迫開始渦輪幫浦科技的速成班。「壞消息是我們全部東西都要改，」穆勒說，「好消息是我學會了渦輪幫浦所有可能出錯的地方，還有真正的修正方法。」因為火箭燃料的加壓讓引擎能擠出最大量的推力，好的渦輪幫浦至關重要。這會成為SpaceX後來獨霸全球發射市場的一個祕訣。穆勒說Barber-Nichols原版的幫浦重一百五十磅，輸出大約三千馬力。

接下來的十五年間，SpaceX工程師們持續疊代，修改設計並升級零件。現在的獵鷹9號火箭的梅林引擎渦輪幫浦仍然是六十公斤重，但可產生一萬兩千馬力。

☆ ☆ ☆

穆勒在SpaceX的初始團隊很小。他鑽研梅林引擎技術細節的同時，公司需要人尋找與建造測試場。地點必須偏遠，因為測試火箭引擎經常發生壞事。「火箭引擎研發的初期真的很慘，」穆勒說，「向來如此。永遠有很多東西可能出錯，一出錯，通常就是大災難。」

穆勒在二〇〇二年八月幫忙馬斯克雇用了提姆．布札（Tim Buzza），以便建立公司可以安全地炸掉東西的測試場。布札在一九七〇年代後期賓州鋼鐵業的鄉下長大，是電影《越戰獵鹿人》設定背景的嚴苛現實世界。他父親有家機械公司，布札和兄弟們每天放學後會在此工作四小時。布札在九年級學會了給工具機寫程式，顯示出足夠天分，後來上了賓州大學。他在大學愛上火箭引擎。在麥克唐納道格拉斯與波音工作的十四年職涯，布札專精考驗飛機與火箭元件的極限，以辨識可能失敗的地方。他研究大型軍用C-17運輸機還有三角洲4號火箭。二〇〇二年夏天，當他的波音老同事克里斯．湯普森從SpaceX打電話來挖角，他剛翻修完自家房子，房貸負擔加倍，老婆又因為第二個小孩出生收掉生意。「想到我怎麼合理化放棄波音的工作去新創公司為我素昧平生的人工作，真的很扯。」布札這麼說到馬斯克。

布札開始建造測試場讓公司能測試梅林引擎的性能。洛杉磯北方的莫哈維航空和Space Port公司提供了引擎測試設施。世界上沒有像這樣的地方了，兼具機場、太空港、飛機墳場和火箭研發倉庫。二〇〇四年，Scaled Composites公司的SpaceShipOne就在這裡達成史上初次民間資金的載人太空飛行。在千禧年代，像XCOR、Masten Space Systems和維珍銀河（Virgin Galactic）等其他公司的研發業務都以此為根據地。這似乎是SpaceX的理想地點，首先布札談成了協議，可以使用某些XCOR的資產與設備作測試。

這個空間很快就派上用場。到了二〇〇二年秋天，穆勒已經造了一個梅林引擎的瓦斯發電機原型。它本身是個小火箭，氧化劑和大量燃料在裡面燃燒以提供高溫烏黑的廢氣驅動渦輪。反過來，它驅動渦輪幫浦供應能量給火箭引擎的核心。如果你想要做出火箭引擎，流程的開頭就是瓦斯發電機。

為了找幫手，布札從波音徵召了另一個工程師，傑瑞米・霍曼（Jeremy Hollman）。他很年輕，才二十四歲，是二〇〇〇年剛從愛荷華州立大學畢業的中西部人。但是在波音期間，他們一起工作時霍曼贏得了布札的信任。九月份加入SpaceX之後，霍曼演變成穆勒的主要推進系統副手角色。當他們在十月開始測試瓦斯發電機，霍曼會為當天的測試活動寫程序並研究硬體。布札監督現場支援設備並撰寫軟體。而穆勒指導行動，負起整體責任。霍曼形容在穆勒手下工作

「像是接受液態推進的博士級教育。」

瓦斯發電機的某些早期測試相當驚險。當二〇〇二年在莫哈維由秋入冬，霍曼說他們進行了第一次完整的九十秒試燃。這次在太空港上空產生了大量黑煙。幾乎就在測試結束時，風也停了。「烏雲簡直就停在飛航管制塔的周圍，」霍曼說，「這是黑色煙霧團在機場能逗留的最糟糕位置了。」

穆勒端出獵鷹1號瓦斯發電機與其他推進元件的設計後，有人必須做出來。穆勒在TRW時期曾經跟一家叫做「野馬工程」（Mustang Engineering）的地方機械公司簽約過。如今在SpaceX，他開始把設計圖和PDF檔寄給他們。「天啊，那些人寄給我一些前所未見最離譜的玩意，」該公司老闆之一鮑伯．李根（Bob Reagan）說。SpaceX付錢也很快。從收到SpaceX採購訂單一天後，李根就收到支票。起初，李根試著向瑪莉．貝絲．布朗解釋通常是怎麼做事的。李根告訴馬斯克的助理，若是其他公司，他會先完成一個零件，提出發票，然後收到三十天票期的支票。她不為所動。SpaceX急著要這些零件。李根聽懂之後開始把穆勒的訂單列為最優先。

李根在一九八二年高中一畢業就開始在南加州搞機械。早年職涯他幫太空梭做過零件，製造它的固態火箭助推器，也幫忙做把哈伯太空望遠鏡固定在繞行器酬載艙裡的搖籃。李根也接了很多波音製造三角洲4號火箭，還有其他大型航太公司的訂單。

李根從未跟像SpaceX運作這麼快的公司配合過。他收到他們的訂單，短短幾天內就寄出用鋁或其他材質製作的零件。但在二〇〇三年秋季某一天，霍曼來電說他需要趕工某個特定零件，李根回答他幫不上忙。他和他的生意合夥人拆夥了，唯一的辦法是關閉野馬工程公司。SpaceX必須向別處訂製零件了。斟酌SpaceX訂製服務的其他選項時，霍曼很絕望。SpaceX越來越依賴李根的零件。霍曼勸說李根來見馬斯克。

穆勒不確定這是個好主意。他不知道馬斯克對談吐粗魯、留長髮、戴耳環又騎哈雷機車的李根會作何反應。但穆勒和霍曼還是同意了他最好來公司當面談。他們多慮了。李根必要時還是可以整飭儀容。畢竟他為波音工作過，如果你要會見波音的人，你最好要打領帶。

倒不是馬斯克介意領帶或耳環啦，他只是需要能夠又快又便宜做出東西的人。面談期間，馬斯克說明他是自費支付SpaceX的一切開銷。然後他問李根，「你願意接受的最低薪資是多少？」他們討價還價一番，但最後馬斯克同意接受李根的出價。他需要幫手。十分鐘後他拿著合約回來。那天是週六，十一月一日下午五點鐘。馬斯克希望他的新任加工副總裁當晚就開始工作。

很快地，李根的工作室就在SpaceX開始運作。他雇用了六個野馬的技工，馬斯克買下他的公司即將清算的機械設備。把李根引進公司，馬斯克基本上是把大部分的製造成本減半。現在他可以買進大量的鋁，又有公司內部的人把它像黏土般做成亟需的零件，沒有寄送給外包加工廠的加價與延遲。而且SpaceX的工程師和製造人員之間的溝通管道很暢通。

「以前，如果我對哪個客戶有問題，我必須打電話給買家，」李根說，「然後買家會打給工程師，一星期後我或許會接到回電得到答覆。」李根就坐在SpaceX的公共小隔間裡。如果工程師們做了他認為的蠢事，或行不通的事，他就會告訴他們。雙方互相尊重。

他和馬斯克的關係很單純。「他受不了騙子，也討厭小偷，」李根說，「如果你說你做得到某件事，你最好真的做到。」顯然馬斯克喜歡這位新技師的表現，他每週會在艾爾塞貢多的工廠待上七十五到八十小時。馬斯克雇用李根後不到一個月，就用他的麥拉倫F1跑車載李根去吃午餐。他們還沒開出停車場，馬斯克就跟李根說他會加薪一萬美元。

「那些人說你很厲害，」馬斯克告訴他，「但我不曉得你這麼厲害。」

李根可以近距離觀察到穆勒和前雇主TRW的爭端。穆勒在二〇〇二年離職後不久，航太巨人諾斯洛普格魯曼公司（Northrop Grumman）收購了TRW的飛彈研發與太空船部門。諾斯洛普是世界最大的軍火製造商之一，但也有民用航太業務。波音和洛克希德馬丁公司是NASA太空工作最大的兩家老牌承包商，但諾斯洛普緊追在後。

穆勒和他老東家之間的問題牽涉到梅林引擎燃料噴射器使用的某個特殊設計。引擎的這個部分控制氧化劑與火箭燃料流入燃燒室。如果燃料太多，那麼浪費未燃燒的推進劑就排出引擎。太少的話，推力會降低。有幾種不同的噴射方式可以節制推進劑流動，及時在點火前把它混合。穆勒從他熟悉的設計開始，稱作軸針式噴射器，長得有點像同軸電纜。以梅林引擎來說，液態氧流過中央，噴出時像馬車輪的輪輻一樣散開。煤油燃料流過軸針的外圍，噴出時是薄片。

「我們戲稱為薄片撞葉片②。」穆勒說。

從諾斯洛普的觀點看來，問題是TRW在六〇年代為了登月小艇的下降引擎發明了軸針噴射器。得知梅林引擎的修改設計之後，諾斯洛普向加州法院提出控告，指稱穆勒和SpaceX偷竊了商業機密。SpaceX也反控，說諾斯洛普利用它是空軍顧問的角色來監控SpaceX公司。李根說諾斯洛普的官司很荒謬，因為SpaceX大概經歷過五十種不同設計才做出梅林的噴射器，一路疊代，炸掉一些東西，在二〇〇三到二〇〇四年讓技師們忙壞了。「我覺得這像個大笑話。」他形容官司說。

到了二〇〇五年初，兩家公司同意互相撤回告訴。雙方都不承認有錯，也沒付法務費用或損害賠償。

SpaceX喜歡用自己的方式與時間表運作。它想要實驗、疊代，不時製造出可能不巧滯留在

譯註②：the sheet hits the fan，是俚語 the shit hits the fan 的諧音，大便撞到電風扇，大禍臨頭慘不忍睹之意。

管制塔台上空的大量黑煙。拖延這些爆炸性努力的任何事物就代表艱苦前進的阻礙。所以，在二〇〇二年秋末，顯然在相對受控制的莫哈維航太港的環境工作已經不適合了。

推進團隊調整獵鷹1號火箭的瓦斯發電機時，布札和太空港的總經理史都．維特（Stu Witt）深入討論在莫哈維的長期租約。維特已經表達過關於SpaceX想做什麼的環保顧慮。但現在，談判收尾期間，他設法限制他們測試三萬磅推力的引擎規模。較小的引擎產生較小的爆炸。但這樣還不到SpaceX期待梅林引擎最終產生的推力的一半。

「我站在一塊打好木樁的土地上，手上有些進行中的計畫，『這樣行不通的。』」布札說。SpaceX終究不會搬去莫哈維。那年秋天，馬斯克和推進團隊考慮了一些其他地點，包括加州莫哈維附近的愛德華空軍基地的一塊地，還有阿拉巴馬與密西西比州的NASA中心的傳統測試場。但是，他們其實偏好不受政府控制約束的場地。他們都知道兩年前倒閉的一家叫畢爾航太（Beal Aerospace）火箭公司。該公司在德州麥格雷戈的荒廢測試場的照片仍放在網路上。看起來挺適合。

二〇〇二年十一月，普度大學邀請馬斯克去演講。那是很珍貴的邀約，因為普度聞名的航太工程課程培養出幾十個NASA最傑出的飛航主管與太空人，包括阿姆斯壯。馬斯克帶了一些資深員工去召募畢業生。停留期間，布札和穆勒跟名叫史考特．梅耶（Scott Meyer）的教授攀談，他在畢爾公司當過資深推進工程師。為了回答他們的問題，梅耶分享了麥格雷戈測試場前員工喬・艾倫（Joe Allen）的姓名和電話號碼，他還住在那附近。

當天馬斯克就決定飛去德州勘查那個場地。途中，穆勒打了一通衛星電話給艾倫，看他能不能在現場會合帶領參觀。艾倫是畢爾公司的最後一批員工，公司在二〇〇〇年十月關閉後繼續留守了八個月，在資產清算期間看守場地。艾倫是附近的德州麥瑞甸人，有機械加工背景，當時已經在業界工作三十幾年了。但他在畢爾公司的三年間，艾倫看到關於火箭的一切如何改用電腦運作，所以被裁員後他開始在德州理工學院上電腦程式課程。穆勒來電時他考試考到一半，但是同意見他們。艾倫說，在大三腳架底下等我，你們一定找得到。

開車穿越德州中部平原到麥格雷戈鎮附近的火箭測試場，馬斯克和屬下們忍不住佩服它的偏遠。那個高聳的水泥三腳架很好找，艾倫果然依約在塔底等候，站在他的藍色舊雪佛蘭皮卡車外面。這場地很適合SpaceX的需求，因為畢爾是專為測試火箭引擎設計的。艾倫帶馬斯克一行人到處參觀時，不只介紹了測試用的三腳架，還有監視引擎燃燒用的大碉堡與其他設施。麥格雷戈鎮政府擁有這裡的一切東西，很樂意全部出租。因為當地官員希望這家公司當房客，受到干預會最少，對他們的引擎大小也沒有限制。德州的環保法規也比加州少得多，對企業友善的法律比較多。馬斯克當場雇用艾倫，租下了這個場地。「真的，它完全符合我們的需要，」布札說，「我們希望的一切它都有了。」

唯一問題是太遠了。麥格雷戈離洛杉磯一千四百哩。距在奧斯汀和達拉斯最接近的任何大小商用機場也要兩小時車程。推進團隊光是前往就要耗掉一整天，回來又要一天。沒問題，馬斯克告訴穆勒。他們可以搭他的西斯納小型噴射機，直接飛到麥格雷戈的單跑道小機場。最後，推進系統的小團隊降落時，艾倫會駕駛白色悍馬車來接他們。「我們稱之為趕牛到德州。」穆勒說。

二〇〇二年邁入二〇〇三年時，馬斯克的公司剛成立半年，他發現自己在德州可以大展身手。在那裡，他的引擎設計師會建構一座新測試場。有廣闊空間又沒什麼法規。在接下來兩年，穆勒、布札、霍曼和其他一些人會做出梅林引擎，測試它的能耐。他們會燒壞推力艙，炸掉燃料槽，引發足夠騷動讓特勤局找上門來。但是到了二〇〇五年他們會幾乎從零開始造出強力的東西，有足夠推力發出尖銳聲響把半噸東西送往外太空。

這就是梅林引擎在獵鷹1號火箭初次飛行的表現。至少它撐了三十四秒。

KWAJ

3 瓜加林

二〇〇三年一月—二〇〇五年五月

那天他們很早上工，但是SpaceX發射團隊毫無困難地在二〇〇五年五月二十一日早上迅速起床。他們在隆波克鎮（Lompoc）的商旅著裝時，這十幾位工程師與技師並不確定當天下午會怎樣，但是感覺很有希望。

上次嘗試以失敗作收之後，這些員工希望第二次嘗試會讓獵鷹1號火箭成功震動起來，震撼洛杉磯北邊的加州海岸。SpaceX創立已經三年了，他們經歷漫長又沒日沒夜的辛勞，成功設計並組裝了一具火箭。公司也配合了拜占庭空軍（Byzantine Air Force）的規則和需求，以取得許可點燃火箭作重要測試。

那天早上，一組工程師脫隊前往發射場幾哩外的某個小型指揮中心。他們改裝了一輛十二公尺拖車當作發射管制中心，有十幾台電腦，稱為指揮車（Command Van）。較大的一組開車去海邊的發射台準備讓火箭熱力登場。靜態點火測試期間，在引擎點火燃燒幾秒鐘時用強力鉗子固定火箭，彷彿它要從發射台升空了。這類測試能確保火箭真正發射之前準備好了。

SpaceX一直很幸運能找到這麼接近工廠的發射場，在洛杉磯北方只有大約三小時車程。半個多世紀之前，空軍開始利用這片海岸山區發射飛彈越過太平洋。後來這裡演變成美國的重要太空港。以協助策畫D日登陸的將領命名的范登堡空軍基地，曾經監管數百次波音的三角洲火箭、洛克希德馬丁的泰坦與亞特拉斯火箭，還有其他幾家公司的發射。現在急躁的新手SpaceX向大型公司爭得了一席之地。至少它是這麼認為。

公司的工程師和技師在發射場工作時，鮮豔的黑白雙色火箭高聳在他們頭上。他們逐漸地一個又一個撤離發射台，讓液態氧和煤油注入火箭的燃料槽。不久，他們戴著耳機擠進指揮車裡，在火箭往大氣層吐出的氧氣雲霧中觀看他們的火箭發射影像。他們差點成功。那天，倒數時鐘老是數到最後幾秒，機上電腦會察覺有東西不對勁，或許是引擎內部壓力太高，或溫度太熱。電腦會自動在點火之前關閉梅林引擎。

嘗試幾次之後，他們用光了液態氧火箭燃料。洩氣的是，運送最後一批冷卻氧化劑的卡車一出洛杉磯就迷路了。因為缺氧，他們當天停擺了。太平洋岸開始天黑時，拚命工作卻走到這一刻的SpaceX發射團隊都很傷心。

「真的，那是我們第一次想做的某件事沒有完全成功，我們都很尷尬，」在范登堡幫忙帶領SpaceX建設發射台的工程師安．琴納利（Anne Chinnery）說，「我們都很難接受。」

他們關掉火箭，鎖上設施大門之後，疲倦又沮喪的團隊開下山到最近的城鎮隆波克去借酒澆愁。為了麻痺他們的痛苦，工程師賈許．容格（Josh Jung）買了幾杯Goldschläger肉桂甜酒。

「我們都上酒吧去，天啊，我們喝翻了，」琴納利說，「我永遠忘不了。那或許是我生平喝最醉的一次。」SpaceX發射團隊還一度找不到琴納利。但最後大家找到了她，全員平安回到他們的旅館，疲憊又洩氣地倒頭大睡。

隔天早上，很不高興的馬斯克打給獵鷹1號測試與發射指揮官提姆．布札。布札宿醉，又因為昨天的事件睡眼惺忪，聽著馬斯克催促隔天再試一遍。花了一番力氣，但布札終於說服老闆公司員工需要一點時間休養。他們忙了好幾天都累趴了。

掛電話之後，布札叫發射團隊回洛杉磯的家。他們可以休息兩天再回來重來一遍繼續測試。那天下午，他接受自己的忠告開車沿著101號國道回家。他暫停在風景如畫、距離聖塔芭芭拉只有幾哩的聖誕老人車道休息一下。

「太陽正在西下，所以我走到外面海灘上，」布札說，「我躺下來睡了幾個小時，在黑暗的鹹味寒風中醒來。」

一九六九年阿姆斯壯在異世界踏出人類的第一步時，安．琴納利的父母叫醒三歲的她來體驗那一刻。她對「阿波羅11號」登月唯一殘留有意識的記憶是困惑，但這仍可能影響了她的未來。整個童年期間，她對太空一直有興趣，渴望有朝一日飛上太空。到了一九八〇年代初期，這變成不只是理論上的念頭；琴納利即將高中畢業時，ＮＡＳＡ把莎莉．萊德（Sally Ride）③送上了太空。

但後來琴納利全家搬到科羅拉多州，她選擇去上附近的空軍官校，既出於冒險心，也因為那有可能是通往太空之路。她取得航太工程學位之後十幾年，空軍成了她的家，負擔了琴納利渴望的某些冒險的費用。她幫忙製造人造衛星，評估外國彈道飛彈構成的威脅，也待過范登堡空軍基地協助民間發射公司。

但到了二十一世紀初，她開始不安。三十出頭歲的琴納利可以繼續留在空軍十年，拿到不錯的退休金，也可以在較少文書作業、較多工程事務的民間部門找工作。

她一時興起，參加了一場關於月球殖民地與探索的會議，在會場認識了詹姆士·沃茲（James Wertz），當時他是南加州一家名叫「小宇宙」（Microcosm）的小航太公司副總裁。一九九九年，沃茲雇用了她，琴納利很快就與包括葛溫·蕭特威爾和漢斯·柯尼斯曼等同事交上朋友。後來，她的朋友開始離職。柯尼斯曼先在二〇〇二年五月離開，接著蕭特威爾在幾個月後離開。琴納利在同年九月也決定離職。她感覺精疲力盡，好像需要離開火箭事務休息一下。

不過，現在為SpaceX工作的朋友們一直連絡她，那年秋天稍後他們說服琴納利過來艾爾塞貢多辦公室面談。他們知道關於尋找獵鷹1號火箭的發射場，琴納利的背景可能有助於成長中的

譯註③：物理學家，美國第一位女性太空人。

公司。琴納利的空軍經歷可以鋪路取得與范登堡接觸和必要的軍方許可。負責決定雇用新人的馬斯克不太相信。看琴納利沒興趣之後他就離開了面談。「我從來沒看過這麼精準專注在自身願景的人，」她說到那次經驗，「他很積極，而且很嚇人。跟他面試會很辛苦。」結果沒有雇用她。

但她的朋友不放棄，二〇〇三年初琴納利加入SpaceX當顧問。不久，她十年前在范登堡當軍官的經歷為SpaceX帶來了紅利。她認得基地的人與運作方式。那年稍後琴納利成為全職員工。馬斯克的直覺終於讓他失手了一次。

「起先，伊隆不太了解跟外部機構建立聯繫的重要性，或是這有多困難，」琴納利解釋，「空軍對於火箭設計、研發與發射方面有一大堆監管規定。他真的毫不知情，但這是我的專長。」

SpaceX向范登堡基地接洽進行飛航任務，是因為它是迄今最接近公司工廠的發射場，從那裡升空的火箭可以幾乎往正南方飛不會飛越陸地。這很適合把人造衛星送上兩極軌道，意思是太空航行器會飛越南極，然後北極。當底下的地球自轉，兩極軌道上的衛星可以在一天的航程內觀察整個地球。SpaceX因此希望能靠獵鷹1號火箭發射小型商用衛星，其中許多是飛在兩極軌道上。

加入SpaceX之後，琴納利幫忙收集租用范登堡的必要文件，確保公司在廣大的基地有個發射台。這位前空軍軍官也逐漸融入公司沒日沒夜的矽谷工作精神。她在艾爾塞貢多與其他小隔間居民搏感情，晚上一起玩「雷神之錘」、「毀滅戰士」與其他電玩。她不介意男性主宰的職場。「當時，航太產業先天就是男性領域，我很習慣置身在我是唯一女性的環境。」她說。

二〇〇四年初，空軍同意讓SpaceX使用范登堡的一部分3號複合發射場（Space Launch Complex 3），俗稱的「Slick-3」代表SLC-3。這個場地包括一九五〇年代末期為早期某些亞特拉斯火箭飛行建造的兩個發射台。到了二〇〇〇年代初期，從「東側」發射台只偶爾發射火箭，而較小的「西側」場地則完全閒置不用。SpaceX可以使用發射設施已大半拆除的西側發射台。SLC-3西側只剩下一棟小型水泥建築和導火管道，能把高溫和廢氣引導遠離火箭。

當時，美國火箭公司都遵照一套嚴謹而從容的發射程序，經常在升空前幾個月就把火箭移到發射台上。對於想把太空發射變成商品的公司，這樣可不行。SpaceX渴望在自家工廠建造火箭，立刻用改裝的半拖曳式平板車走101號國道運出來到范登堡。一旦運到，幾小時或幾天內，SpaceX就打算把火箭移上發射台，像時鐘指針從九點移到十二點方向，豎起火箭指向天空。然後發射主管會點火發射。至少願景是這樣子的。

要不要去的最終決定要看布札。他從先前關於新火箭的經驗很清楚，SpaceX從一開始就無法依照需求發射。起先，每具火箭會需要幾星期檢查與準備時間才能升空。這在范登堡被證明問題特別多，因為暴露的發射場距離太平洋岸不到一哩。為了保護火箭，SpaceX買了一棟大型有框架的建築覆蓋上耐久布料。後來他們發現他們需要帳篷建築能在發射前移動離開火箭，免得被火焰蒸發。因為帳篷不是設計來移動的，足智多謀的工程師加上了輪子。但它還是很難移動。所以發射團隊又蓋了軌道。現在他們有一棟可移動建築用來保護獵鷹1號了。

直到一場暴風雨來襲。二〇〇四年聖誕節過後兩天，太平洋上的狂風呼嘯而來，以時速超過八十公里橫掃太空港。布札在海豹灘的家裡，享受假期與暫時放下工作陪伴家人，他接到公司駐范登堡的經理來電。有個空軍軍官發現他們的帳篷被吹到山下去。帳篷名副其實地出軌了。

「我幾乎沒有休息，這時是聖誕節，我必須離家開車上山，」布札說。他和現場經理奇普·巴賽特（Chip Bassett）當天剩餘時間都耗在把帳篷移回原位。「我們必須用兩台SkyTrak起重機撿起帳篷，把它豎立在軌道上，然後加強固定。那只是我們有些事情運作得不太可靠的例子之一。它沒有應該要有的那麼堅固。」

二〇〇四年邁入二〇〇五年，布札、琴納利和其餘發射團隊在范登堡做了很多其他工作，在發射場安裝電線，把他們的指揮與管制設備連接到發射台上，鋪水泥讓運送液態氧的槽車能開到台上，諸如此類。有上百種怪東西必須安裝、組合，或者為了火箭準備。然後他們準備好了。在二〇〇五年春天，公司把第一具完成的火箭運到了范登堡。

從一開始，馬斯克就了解SpaceX光靠政府的發射契約無法成為可以永續獲利的企業。雖然低成本、隨選即射的火箭前景很吸引美國軍方，他們能準備好發射的間諜與通訊衛星是有限的。

為了賺錢，SpaceX必須向所謂「商業」顧客擴大客戶基礎。這包括想拍攝地球或其他商用目標發射衛星的民營公司，以及自己沒有發射產業的國家。

馬來西亞政府官員在二〇〇三年初找上門來詢問獵鷹1號時，SpaceX才有了第一個真正的商業客戶。他們想知道它能否送上他們正在建造、四百磅重的地球觀測衛星。該國在二〇〇〇年用俄國火箭發射過第一顆微型衛星TiungSAT-1。現在，他們想把名叫RazakSAT的較大衛星送上近赤道軌道。馬來西亞位置就在赤道北邊幾度，這樣能讓衛星每天飛越全國十幾次。

這項任務對於SpaceX有幾個難題。獵鷹1號無法從范登堡往東發射衛星進入赤道軌道，因為火箭不允許飛越美國國土。所以公司需要面向東方的發射台。此外，RazakSAT對於初期版的獵鷹1號太重了。要把那麼大的質量送上軌道，火箭必須在很靠近赤道的地方利用地球自轉的離心力發射。從赤道往東的衛星升空飛向軌道有時速一千六百公里的先天優勢。實質上的意思是，從低緯度發射的火箭可以比高緯度的相同火箭載運更多質量。從位於北緯二十八點五度的甘迺迪太空中心之類傳統發射場，獵鷹1號沒有足夠力量把RazakSAT一路送上穩定的軌道。

「這是他們準備要簽的發射合約，」當時的業務副總裁蕭特威爾說，她很想達成協議。「他們有六百萬美元。我們很想簽，但是我們必須找到靠近赤道的發射場。」

蕭特威爾的小隔間很靠近柯尼斯曼，在二〇〇三年春天他們一起檢視麥卡托式投影的世界地圖。柯尼斯曼的手從加州海岸沿著赤道往西指。全是海洋，直到來到大約五千哩外的馬紹爾群島。他們看著這一長串小島時，蕭特威爾認出瓜加林環礁（Kwajalein Atoll）。她記得二戰期間在那裡發生過戰鬥，感覺相當確定有美軍駐守。

其實，瓜加林環礁只短暫地成為太平洋戰場的焦點，一九四四年初有八萬五千名美國陸軍和陸戰隊登陸瓜加林、洛伊和納穆爾島。苦戰之後，美軍占領了分散的馬紹爾群島中第一個立足點，打開了進一步攻占關島之類較大目標的道路。戰後，美國軍方利用這個群島進行核武試爆，一九六四年陸軍在那裡建立了基地。後來，軍方蓋了個飛彈庫，稱作朗納．雷根彈道飛彈防禦測試場。這整個設施由遠在阿拉巴馬州亨斯維爾（Huntsville）的美國陸軍太空暨飛彈防禦司令部管轄。裡面只有一個名叫提姆．曼戈（Tim Mango）的中校負責瓜加林事務。

馬斯克心動了。「有多大機會？」他問道，「我有時候懷疑這是否像『第22條軍規』（Catch-22），有個人在替少校和上校幹活，他們還說你知道怎樣最奇怪嗎？如果你把曼戈中校丟去負責一座熱帶小島。」馬斯克拿起電話打給在阿拉巴馬州辦公室的曼戈。

對曼戈來說，這通電話猝不及防。來電者表明身分自稱伊隆．馬斯克之後，繼續用輕微的外國腔說明他是賣掉PayPal股份轉進太空產業的富豪。

「我聽他推銷了兩分鐘，然後掛斷電話，」曼戈說，「我以為他是神經病。」

通話之後，曼戈決定上網搜尋馬斯克。他發現有張照片是他把手放在他的麥拉倫F1跑車上。那篇新聞提到馬斯克創立了一家叫做SpaceX的新太空公司，附上這家火箭公司的網站首頁鏈結。曼戈點進去，讀了一些這家公司的資料。或許這個叫馬斯克的傢伙是認真的？在SpaceX網站上，曼戈發現公司的聯絡方式，撥了公開的電話號碼。同樣清晰的聲音幾乎立刻接聽。曼戈重新自我介紹之後，馬斯克問：「欸，你剛才掛我電話嗎？」

曼戈解釋他不久會去洛杉磯出差，他同意拜訪SpaceX的艾爾塞貢多辦公室。當他來到大致空蕩的設施，驚訝地發現馬斯克就坐在開放式辦公室的中央，混在十幾個員工之間。他們談了一會兒，然後馬斯克邀請曼戈去洛杉磯高級餐廳吃晚飯。不過，那頓飯遠高於陸軍軍官的日薪。曼戈的職涯中第一次必須打電話問陸軍的律師這樣是否符合倫理規範。他被告知如果他去赴約，就必須自己負擔昂貴的餐費。「我想我們改去了Applebee's平價餐廳。」曼戈說。

大約一個月後，在阿拉巴馬州北部的陸軍紅石軍火庫的會議中持續討論。馬斯克和幾個SpaceX員工飛到亨斯維爾，曼戈回請他們吃晚餐。亨斯維爾比不上南加州的餐廳場面講究，但是有貨真價實的當地風味。陸軍官員們決定帶SpaceX團隊去Greenbrier餐廳，除了優良南方菜色沒有多餘裝飾。他們鼓勵馬斯克嘗試鯰魚，他照做了。馬斯克很快拿到一整條炸鯰魚，魚頭還是完整的。雖然不覺得有趣——肯定也沒有餐廳的當地人那麼享受——馬斯克還是吃了。二〇〇三年六月，馬斯克派出克里斯．湯普森、柯尼斯曼和琴納利去瓜加林評估作為發射場的潛力。在曼戈陪同下，他們從洛杉磯飛了四千公里到檀香山，晚上在希爾頓夏威夷飯店過夜。從檀香山機場的十四號登機門，大陸航空每週有三班飛機停靠在馬紹爾群島各地，包括瓜加林。飛機在早上九點半起飛，火箭科學家們又飛了四千公里到環礁之中最大最南邊的島，也叫瓜加林島。

這個群島從空中看起來很驚人，像天藍色大海上的一串小珍珠。九十個小島構成了瓜加林環礁，但面積加起來只有六平方哩，大約曼哈頓的四分之一。每個珊瑚覆蓋的小島只稍微浮出海平面，圍繞世界最大的潟湖形成一串破碎的鍊條。

陸軍張開雙臂歡迎這群訪客。當時，軍方通常負責重要基地的大約六十％預算，指望管理設施的軍官藉著商業合約負責另外四十％必要收入。瓜加林的鹹性熱帶環境會破壞島上的陸軍基礎建設。所以曼戈與其他軍官總是在尋求能為基地雷達、遙測與其他支援付費的外部使用者。

「旅途中他們真的提供我們很好的伙食，」琴納利說，「把我們當ＶＩＰ招待。」雖然在島上除了軍方福利社沒什麼餐飲選擇，陸軍軍官們盡力而為。他們用高級瓷器和桌巾布置餐桌，端出特別菜色。有張照片顯示SpaceX三人組站在海灘上，露出笑容，有點曬傷。採訪途中，陸軍官員也帶SpaceX一行人搭直升機遊覽，當時是觀察長達四百四十公里環礁的最佳方式。

後來，馬斯克也去了瓜加林評估潛力，搭直升機進行同樣的島嶼遊覽。「感覺好像《現代啟示錄》，」馬斯克說，指出片中勞勃．杜瓦的角色帶領一隊直升機進攻的經典場面。「我們真的用越戰時代的休伊直升機飛過去。我們開著機門。我們只需要播放〈女武神的騎行〉。就缺這個了。我心想，你們在這玩意上有沒有音響系統？」

SpaceX員工估算群島作為發射場潛力時，瓜加林北方約三十二公里處一小塊陸地似乎是最佳選擇。雖然只有三公頃大，相當於大概兩個紐約市街區，這座島剛好夠大。它的位置也很完美，往東幾千公里除了開闊的海洋什麼都沒有。或許最重要的，它緊鄰較大的梅克島（Meck Island），那是陸軍的飛彈測試場。每天有艘大型雙體船載運平民和軍人往來瓜加林和梅克島之間，還可以為了SpaceX員工停靠在歐梅雷克島（Omelek）。

置身太平洋中央，琴納利來到地球上大概最遠離各大陸塊的地方了。當時，她並不覺得太興奮即將在這些最偏遠島嶼之一上面蓋發射場。「我有點詭異地領悟了在SpaceX任何事都有可能，」她回想，「我其實心想從那裡發射一定很酷。瓜加林真的很漂亮。我從未看過更漂亮的海水。我也沒在更好的地方潛水過。我沒有多想引進我們需要的所有設備會是多大的挑戰。」

老實說，在二〇〇三年這似乎是個遙不可及的遠景，站在離家半個地球的崎嶇海岸上。當然，有朝一日公司可能在這個遺世獨立的天堂建造第二座發射場。甚至可能把馬來西亞衛星送上赤道軌道。但不會在近期。對獵鷹1號火箭來說，通往太空之路就在洛杉磯北方的山丘上，而非瓜加林的珊瑚礁。所以SpaceX員工們飛回加州，從潮汐和海浪回歸到塞車與工作。

SpaceX在范登堡的五月第一週嘗試它的第一次靜態點火測試。他們發現了軟體錯誤和故障儀表。他們的第二次嘗試安排在兩週之後，那次他們用Goldschläger藉酒澆愁。問題出在液態氧。他們老是用光光。

可想而知，空軍有嚴格規定，如果火箭的燃料和氧化劑槽都是滿的，就不准任何人靠近。裝滿燃料的火箭根本就是個等著引爆的炸彈。所以火箭的引擎在測試中關閉之後，琴納利與其他工程師不能直接跳上皮卡車呼嘯而過到發射台去檢查引擎電腦的韌體。他們必須卸載液態氧把它倒進附近的一片碎石地。

氧氣要很低溫，低到攝氏－一八二度才會凝結成液體，只比冥王星表面溫度稍微暖一點。這對處理與儲存冰冷或極低溫燃料是一大挑戰。如果你看過火箭發射倒數，從火箭排放的白色瓦斯通常是從燃料槽沸騰溢出的液態氧。但是效果很值得。因為瓦斯以液態形式占據較少空間，使用冷凍氧讓火箭可以用較小較輕的燃料槽。而且液態氧是強力氧化劑，加上火箭燃料可以快速又猛烈地燃燒。

只有他們丟棄液態氧，或者俗稱的ＬＯＸ之後，SpaceX員工才可以接近火箭。然後，他們解決觸動飛航電腦的問題，重新開始把液態氧灌回燃料槽的繁重程序。當時，公司雇用機動油槽車把液態氧送給火箭，因為在傳輸過程中的蒸發，每輛卡車只能進行一兩次補充燃料。五月底那個上午當馬斯克打給布札，他對液態氧很生氣。他說如果發射團隊再用光液態氧，他們全部會被解雇。「事後流傳的玩笑是說我們隨時必須準備兩噸ＬＯＸ。」琴納利說。從那時起，在發射場至少會準備好兩三輛油槽車，以備不時之需。

初期的困難可以理解。對任何新型火箭，無論設計和工程有多好，當個別零件結合到整個載具裡總是會發生問題。要花時間找出所有不對勁的地方並解決這些毛病。

終於，在五月二十七日，一切都沒問題了。那天早上濃霧籠罩著火箭，但是倒數順利進行。時鐘走到零，火箭開始低吼。周圍的霧和引擎排放的煙霧遮蔽了部分視線，但是那天發射台發生的事毫無疑問。史上第一次，獵鷹1號火箭活起來了。它燒得又亮又熱又吵鬧。

只有一個受害者。幾個月來，SpaceX員工都在驅逐住在燃料燃燒時用來引導火焰遠離火箭引擎的巨大導火管裡的小倉鴞。梅林引擎點燃時，那隻倉鴞從導火管裡飛出來，但無法避免被嚴重燒傷。即使有火箭進行靜態點火測試前的吵鬧清洗程序，吹掉管線裡的殘餘燃料，這隻堅強的鳥兒整個早上仍留在築巢位置。工程師們在附近田野上發現了牠，通知動物復健機構。

「有幾個可憐的女孩過來，她們顯然為那隻鳥難過，她們把牠帶走了，」看著他的引擎怒吼活躍的湯姆．穆勒說，「牠看起來不妙。我是說，清洗進行時，那個支架比地獄還吵鬧，但那隻鳥堅持不走，對吧？我還以為牠會在清洗時飛出來。沒有。但是引擎點燃了，牠才決定好吧，我該走了。」

他們大有進展，但SpaceX在發射火箭前還有一段路要走。雖然范登堡測試架上的獵鷹1號看起來就像完成品的一部分，事實上第二節什麼也沒有。只是個空管子。要在太空的真空中點火燃燒的第二階段引擎還沒準備好。火箭的航電系統還需要調整。問題多多。但他們在發射台上通過了第一個大考驗。

琴納利和其餘SpaceX員工欣喜若狂，但好幾個月處理沒完沒了的技術問題之後也精疲力盡了。「當晚我們也出去喝酒，但那是慶祝而不是憐憫。」她說。週五夜派對之後，她回家睡掉了整個週末。

SpaceX的小團隊陷入欣喜沉睡之際，空軍高階官員發現他們有個問題。這家大言不慚的公司跌破大家眼鏡，居然造出了火箭。他們點火測試過。現在，他們準備要發射了。

「今天我們完成了發射之前剩下的最大里程碑，」馬斯克在測試成功之後說，「幾個月後，我們會收到空軍的發射許可。」

可是，他們不會收到。

空軍和SpaceX從一開始的關係就不太融洽。軍方有僵硬的文化、嚴格的階級體系，還有很多規定。SpaceX的文化鬆散，幾乎沒有階級，多半把規定視為浪費時間。SpaceX想要把事情做好，而空軍有些人的職責是在放行之前檢討每一個環保、安全或技術細節。

對柯尼斯曼這種人，以前從未真正跟范登堡這種大單位打過交道，既好笑又令人洩氣。「空軍和我們在說話方式和期待事項都很不搭配，」他說，「他們有些令我們哈哈大笑的規定。我們笑到喘不過氣來。他們可能也同樣嘲笑我們。」

但到了二〇〇五年初，公司和空軍再也笑不出來。當時也在試圖把獵鷹1號發射服務賣給軍方並且安撫基地安全軍官的蕭特威爾回想，那年春天有一次造訪范登堡讓她很不安。她跟空軍高官參觀現場時，察覺全是男人的隨扈有股不甘不願的氣息。她的根據不是他們說什麼，而是他們講話的態度。「有點像我想像的黑手黨會議，」她說，「他們表現得好像說，『你們就是不能這樣幹。』」

整個二〇〇四年到二〇〇五年初，空軍還是包容這家火箭公司。比公司任何人都了解這種文化的琴納利說，她認為基地裡的空軍高層就是不相信SpaceX這麼快建造火箭並且發射的野心計畫會成功。他們提供最低限度的支持，派他們的二三線人員負責處理文書工作與批准。但他們不會刻意阻撓。

照琴納利的說法，「初期並沒有那麼多檢查。他們只是不太相信，直到突然間，靜態點火成功了，把他們驚醒。」

空軍懷疑新創火箭公司的承諾是有道理的，就像先前待過范登堡的那幾家。他們的支持者講話內容跟馬斯克一樣，要壓低進出太空的成本，提供專用火箭給小型衛星，用新科技和精簡運作從根本改變航太產業。無可避免地，他們都失敗了。

印象最深刻的其中一家是美利堅火箭公司，簡稱Amroc，一九八五年由喬治．庫普曼（George Koopman）創立。身為南加州的名人，庫普曼的興趣從好萊塢擴張到太空旅行與神祕學。他在越戰期間當過情報分析師，為軍方製作訓練影片，為好萊塢票房鉅片編排特技動作。他的朋友包括提倡把迷幻藥用於醫療用途的心理學家提摩西・李瑞（Timothy Leary），還有演員丹・艾克洛（Dan Aykroyd）。透過後者的人脈，庫普曼在一九八〇年的電影《福祿雙霸天》擔任特技總監，包括取得聯邦航空管理署許可在芝加哥把一輛福特Pinto汽車從四百五十公尺高的直升機丟進一個摩天大樓圍繞的小廣場。他也宣稱與《星際大戰》中飾演莉亞公主的嘉莉・費雪（Carrie Fisher）交往過。

一九八五年創立Amroc之後，庫普曼從投資人募到兩千萬美元，雇用一群工程師研發創新的混合式火箭引擎，兼用液態燃料推進劑與固態可燃物質。那個推力大約七萬磅的引擎相當於推動獵鷹1號火箭的引擎。庫普曼在一九八九年國際太空與發展會議的演講聽起來很像馬斯克，只是早一個世代。

「我們希望的目標是降低九十％的現有發射成本，」庫普曼說，「我們創立公司進入運送東西往返低地球軌道的生意，像包裹快遞服務。我們想要像聯邦快遞或UPS，這仍然是我們的具體目標。」他就像馬斯克，想讓進出太空成為日常，讓民眾可以開始在太空作生意，拓展人類活動的範圍到遠超過地球。

詹姆士・法蘭奇（James French）在NASA的噴射推進實驗室從事水手、維京和航海家系列任務，擁有二十年的優異職涯，加入Amroc擔任首席工程師。他帶了個年輕人麥克・格里芬（Mike Griffin）來Amroc工作，這位工程師後來成為馬斯克的早期顧問。格里芬為這個職缺花掉了一些積蓄搬家橫越美國。有一陣子，關係很融洽。但後來他們開始把庫普曼看成像是「投機商人」而非認真的火箭科學家。庫普曼很能掌握產業術語，但他的知識太廣卻很膚淺。

缺乏政府支持和私人財富的庫普曼必須仰賴有錢金主的資金。與潛在投資人的會議中，庫普曼會說他的火箭再過六個月就能發射，然後叫法蘭奇證實他的說法。這位工程師很快就厭煩了。「他作了一些很誇張的宣告，還指望我們支持他，」法蘭奇說，「我沒辦法，我們真的不想因此陷入嚴肅的爭吵。」法蘭奇和格里芬在Amroc待了兩年之後就離開。

最後，庫普曼與空軍達成協議，在范登堡重建一座舊發射台。然後，庫普曼在一九八九年死於車禍，享年四十四歲。公司痛失充滿領袖魅力的創辦人之後仍繼續營運，把第一次試飛改名為「庫普曼快遞」。同年十月初，Amroc倒數準備發射，但是發射前液態氧燃料管線的閥門只開啟了一部分，液態氧流動受限，火箭沒有足夠推力起飛。燃燒中的火箭翻覆在發射台上。Amroc慘遭類似的命運，苟延殘喘幾年之後把智慧財產權賣給內華達山脈公司（Sierra Nevada Corporation）的附屬單位SpaceDev。

十年後，當伊隆．馬斯克出現在范登堡基地，有些空軍老鳥認為他們很清楚這家民營公司接下來會怎樣。高談闊論什麼革新太空產業。開名車。最後一定會熄火。

二〇〇〇年代初期，空軍對范登堡也有龐大計畫，想要重建軍方的發射計畫。幾十年前，依照白宮促成的協議幫忙負擔NASA的太空梭，吉米．卡特總統下令空軍把所有間諜與通訊衛星用這種民間太空飛機載運。軍方很不爽被迫跟NASA搭檔滿足發射需求，但基於義務開始淘汰軍中的舊火箭。

一九八二年六月僅第四次發射時，太空梭初次載運軍方物品進入軌道。民間與軍方的強迫婚姻或許能持續下來，偏偏一九八六年發生了「挑戰者號」太空梭事故。這次失敗除了人命悲劇，也讓軍方高層終於能說服白宮他們需要自己獨立的發射載具。將軍們主張，NASA花好幾年調查與解決太空梭失敗的期間不可能來得及進行太空任務。將領們想要現代的火箭，而非太空梭時代之前那些改裝的洲際彈道飛彈。雷根政府同意了，空軍開始跟大型國防承包商洛克希德馬丁和波音合作，把他們舊型的亞特拉斯和三角洲火箭家族現代化。

到了二十一世紀初，空軍長久等待的現代化高性能火箭即將完成。二〇〇三年，洛克希德簡潔的新亞特拉斯5號火箭進入研發週期的最終階段，需要一個西岸發射台進行極地任務。空軍指派SLC-3東側給洛克希德使用——SpaceX後來測試獵鷹1號火箭處旁邊的較大發射台。在將近兩年期間，空軍投資了兩億多美元改造發射場現有的機動器具與發射塔，也拓寬了導火壕溝。空軍大致完成改造的時候，SpaceX正在進行獵鷹1號靜態點火測試。這並不是附近唯一的貴重資產。二〇〇五年春季，離范登堡的SLC-4場地僅兩哩外，一具泰坦4號火箭載著一顆十億美元的間諜衛星送上發射台，準備為美國國家偵察局（U.S. National Reconnaissance Office，簡稱

NRO）發射。

結果，當SpaceX符合獲准發射獵鷹1號火箭的每項規定，萬事俱備，申請文件卻似乎消失到黑洞裡。空軍就是不簽最終文件。對空軍來說，這是個簡單的算計：讓新創太空公司發射未經驗證的火箭，或是從萬一獵鷹1號發射出錯的殘骸或其他危害中保護極具價值的國家安全資產。這對將軍們是個輕鬆的決定。

軍方官員不肯批准SpaceX發射，直到泰坦4號和NRO的十億美元衛星升空。而且他們對這個任務給不出確定的發射日期。

五月底，SpaceX的成功靜態點火測試之後隔天，馬斯克和布札各自加入與范登堡基地指揮官及NRO主管的視訊會議。這兩位官員說歡迎SpaceX發射獵鷹1號火箭，但必須等NRO的昂貴間諜衛星安全進入軌道之後。

這讓SpaceX陷入糟糕的處境。獵鷹1號排隊等候期間，沒人會補償SpaceX的費用。發射之後公司才收得到錢。相對地，當軍方把國家安全的發射合約交給亞特拉斯或三角洲火箭，洛克希德和波音簽了成本加成協議，任何延遲都由政府買單，收附加費。

「嚴格來說，我們沒被踢出范登堡，」馬斯克說，「我們只是被冷凍。空軍從未否決，但他們也沒說同意。就這樣拖了六個月。公司的資源快耗盡了。實質上，這就像鬧飢荒。」

幾乎從創立一開始，SpaceX就把希望寄託在這個發射場，容易送上兩極軌道，距離工廠只有兩百四十公里。急著建立地面系統時，SpaceX投資了七百萬美元在范登堡的發射設施。不會有任何補償。馬斯克必須吞下損失。他的初始投資還有剩下一點錢，但是要付一百多個員工的薪水，SpaceX或許只能再撐一年。現在空軍叫他或許無限期地等待才能從范登堡發射，他必須忍耐撐住。公司天生的DNA促使它盡力加快腳步，但遇上了無法撼動的力量。

這很不公平，但馬斯克沒什麼選擇。公司面對動作遲緩的官僚體系。空軍沒有說不行。如果他們明講，SpaceX可以反抗這個決定。但沒有事情可以抗議。打官司無法爭到反抗軍方的禁令，幾年後有利的法院判決只會帶來無意義、倒閉之後的勝利。

馬斯克知道無法等待、控告或抗議，選了剩下唯一的選項。與政府官員電話會議之後，馬斯克直接打電話給布札。他交代布札，我們要去瓜加林。他最好明天就開始打包。

從琴納利初次走訪太平洋中央的瓜加林環礁，陸軍軍官陪她吃飯喝酒那次超現實經驗已經過了兩年。現在八千公里外那串遙遠的小島向SpaceX伸出了救命繩索。二〇〇五年上半年，琴納利多半住在范登堡空軍基地。現在她、布札和十幾個其他工程師與技師幾乎整個下半年要待在瓜加林，每天搭船通勤去歐梅雷克島。他們剛精疲力盡地拚命蓋好一座發射場。現在他們必須轉身建造第二座。

瓜加林離家很遠，但至少沒有空軍官員在場等著關閉SpaceX。陸軍想要他們。這個基地是他們的了。

FLIGHT ONE

4 第一次發射

二〇〇五年五月－二〇〇六年六月

瓜加林被閃亮的海洋圍繞，是個熱帶天堂。但這是陸軍版的天堂。瓜加林沒有豪華度假村、一望無際的陽台景觀和吃不完的自助早餐，只有兩家陸軍經營的旅館，配有水泥牆和小窗戶，加上軍方風格的福利社。名叫梅西的旅館一點也不像知名百貨公司，瓜加林小屋也沒啥特別的東西。他們的橄欖綠色房間有霉味，缺乏裝飾，娛樂方面提供一台收不到多少熟悉頻道的軍用電視。每件家具都有美國政府編號印在上面。

「大家不是很討厭，就是很喜愛。」漢斯・柯尼斯曼解釋。至於這位樸素的德國工程師，呃，他喜歡。因為陸軍雖然沒有妝點天堂，這仍然是有很多自然美景的熱帶島嶼。以他有限的閒暇時間，柯尼斯曼善用了環礁的絕佳潛水機會。

他最愛的去處之一是一艘舊德國巡洋艦，「歐根親王號」。這艘二戰時代的船有二百一十二公尺長，翻覆在水面下三十五公尺處。這艘重巡洋艦曾經協助「俾斯麥號」擊沉英國皇家海軍的「胡德號」，在戰爭結束時向盟軍投降。後來美國海軍把這艘船派到馬紹爾群島的另一部分，比基尼環礁，作原子彈測試。它在一九四六年撐過了空中和水下核爆測試，隨後被拖到瓜加林潟湖鑿沉。船的螺旋槳與舵冒出水面，但大多數船體在水下。

「你可以潛下去待很久，」柯尼斯曼說，「我們會沿著龍骨游泳，然後到船底下，再上來。因為我們在白天工作，所以有很多次夜間潛水。可能「歐根親王號」讓人想起柯尼斯曼的德裔根源，即使戰爭結束後幾十年，這個分裂國家衝突的歷史與後果仍歷歷在目。柯尼斯曼在法蘭克福度過大半個舒適童年之後，開始察覺自己有科學和數學天賦。他最愛的科目是物理，因為對他最容易。他希望利用這些技能當飛行員。但他的視力不夠好。他心想，退而求其次做航太工作吧。

在柏林的理工大學讀兩年之後，柯尼斯曼厭倦了飛機。然後他發現了衛星，開始和其他學生建造未來可能送上軌道的小型太空船。一九八九年，他轉學到德國北部不來梅大學的科學研究所。在這個應用太空科技與微重力中心，他帶領五人團隊建造六十四公斤重的衛星，命名為BremSat，以研究地球附近的小隕石與微塵粒子。這個機構是NASA的太空梭計畫中涉及國際合作的一部分，他們選上了BremSat搭載到預定一九九四年二月發射的「發現號」上。發射前的一年間，柯尼斯曼跑了十幾次美國，拜訪了幾個NASA機構，包括甘迺迪太空中心。他走過太空人從發射塔走到太空梭的同樣平台路線。而且短暫地跟任務指揮官，出四次任務的太空人查爾斯・波登（Charles Bolden）會面。

BremSat送上天之後，柯尼斯曼感覺不安。他快要過三十歲生日了，近期剛結婚，而且妻子懷孕了。在美國旅行期間，他挺喜歡看到的美國情況。這對夫婦決定一起移民。一九九六年，柯尼斯曼舉家搬到洛杉磯，在一家叫做小宇宙的小公司任職。在加州，他會幫忙建造短程用的輕量火箭。這些「試探用」火箭缺乏達到軌道速度的推力，但它們可以飛出短暫超出地球大氣層的弧線，提供小量酬載幾分鐘的失重狀態再往下墜落。柯尼斯曼沒多少火箭的經驗。其實根本沒有。但他做過很多在太空中控制小型衛星飛行的實務工作。他心想，做導向、導航與控制火箭一定不會差到哪裡去吧。

「我以為是相當自然，」他說，「那是冒險的一部分。我的妻子真的很想搬來這裡。她喜歡在加州長住。」他們永遠不會離開。他們得到了想要的冒險。而漢斯・柯尼斯曼此後學到了很多關於火箭的事。

最後，柯尼斯曼的旅程會帶他再往西走。因為他二〇〇三年陪同琴納利和湯普森到瓜加林作第一次勘察，他已經很熟悉前往遙遠環礁的地形與辛苦。所以當SpaceX在二〇〇五年六月啟動後備發射場計畫，他幫忙帶領往西進攻。

他們有好多東西要搬。除非有員工攜帶關鍵火箭零件從洛杉磯到瓜加林進行兩天兩趟班機的出差，大多數貨物必須靠海運耗上一個月。在他們的艾爾塞貢多總部，員工開始打包幾十個海運貨櫃準備堆上大型貨輪出海。因為建設范登堡的經驗記憶猶新，SpaceX團隊知道他們會需要很多東西來組裝、測試與從歐梅雷克島發射獵鷹1號。所以他們拚命把工具、堆高機、管線和電腦塞進四十呎的貨櫃，送往洛杉磯港口。那年夏天的三個月間，公司運送了大約三十噸東西橫越太平洋，有些用海運，有些用軍方貨機。

柯尼斯曼和大多數同仁不太介意軍事風格的住宿，因為工作進度表需要盡快開始，超長工時，整週無休。SpaceX取得自己的船直接前往歐梅雷克之前，員工必須跟梅克島乘客共用雙體船。這艘船在天亮前就離開瓜加林碼頭，大約一小時後會把SpaceX人員送到歐梅雷克。他們工作直到傍晚，這時雙體船會來接他們。晚上回到瓜加林，要做很多明天用的計畫：解決當天突發的問題，與加州的工程師開會，規畫後勤或和陸軍官員合作確保發射火箭的必要許可。

有些SpaceX員工，像琴納利，基本上算是移居環礁，幾乎整個二〇〇五年下半年都待在瓜加林與歐梅雷克。其他人像柯尼斯曼，把家眷留在洛杉磯，在島上待幾星期然後回到本土。日積月累，來回奔波對SpaceX員工成為一種折磨。

「我這輩子從未去過夏威夷，」那段時間柯尼斯曼的航電部門主要幫手之一菲爾·卡索夫回想，「在那六個月期間，我去那裡的次數多到我永遠不想再去。」

公司起步時歐梅雷克島上幾乎沒有基礎建設，只有一座水泥小碉堡。發射團隊必須灌漿水泥發射台，建造保管火箭的機庫。他們在加州購買巨大的四百千伏安培發電機運到瓜加林去發電。布萊恩·畢爾德的第一個任務是確保SpaceX能從瓜加林跟它的火箭通訊。因為火箭的易爆性質，歐梅雷克又是小地方，發射期間沒人能夠留在島上。所以SpaceX把管制中心設在瓜加林的陸軍設施裡。從那裡，如果偏離航線，基地操作員需要向獵鷹1號火箭發號施令的能力。因為歐梅雷克在瓜加林的目視距離外，畢爾德不確定靠肉眼與無線電通訊是否行得通。他在歐梅雷克島上嘗試從地面用UHF天線和其他通訊裝備呼叫瓜加林。雜訊太多了。不過，畢爾德又爬進JLG電梯上升到估計垂直的獵鷹1號火箭上天線所在的高度。這次訊號傳輸還可以。十幾二十公尺高度結果大不同，省下了建造中繼站從歐梅雷克轉達訊號到瓜加林的費用。

畢爾德和大多數其他員工也初次經歷了赤道生活的熱帶高溫與溼氣。前幾個月裡歐梅雷克島沒有空調，除了跳進潟湖也沒什麼消暑的辦法。陸地上唯一能休息的地方就是水泥碉堡，兩端都有出入口。他們在裡面可以遮陽，並在大風呼嘯時勉強躲避。他們經常把軍方配給的便當盒帶進去，吃他們的三明治、餅乾和袋裝洋芋片。他們穩定工作，到了二〇〇五年秋天，發射台的基礎建設大致準備好了。在鳥不生蛋的鬼地方建造一座發射場只花了大約四個月。

琴納利把快速歸功於在范登堡建造公司的第一座發射台SLC-3西側的學習經驗，加上偏遠地區的陸軍官員比較寬容。這讓公司能用自然的步調做事：越快越好。「SpaceX似乎從一開始就懂得怎麼做這件事，」她解釋，「我們就是不浪費任何時間在猶豫不決。如果他們知道必須運送東西，他們就會運送。」

發展歐梅雷克發射場期間如果有機會，SpaceX會採取快速簡陋法，犧牲修飾和講究而採用權宜之計。例如，工程師判斷他們不需要花俏的「搬運器」來把火箭拖出研發和組裝用的機庫，到大約一百四十公尺外的水泥塊上發射。他們改研發銅器時代的對策。讓火箭水平躺在稱作背板（strong back）的搖籃裡，這個搖籃配有大型金屬腳輪，輪子設計來在平坦表面上滑行。不過，歐梅雷克島上的地形由密集珊瑚、沙子和雜草構成。為了橫越，發射團隊會在地面鋪上大塊木夾板，搖籃每次前進一點五公尺，然後移動夾板。雖然看似雜亂無章，但能達到目的。一旦上了發射台，背板會抬起獵鷹1號進入垂直姿勢準備發射。

回顧建造發射台過程，柯尼斯曼曾經搞不懂公司如何進展這麼快，尤其是瓜加林和歐梅雷克的後勤困難。「我知道很艱難，對吧？但我不知道我們是怎麼做到的。」他說。

隨著第一與第二節火箭在九月運抵，引進了全新的一套後勤惡夢，工作量只會有增無減。發射團隊會在歐梅雷克島上工作，會有零件壞掉，或許是加壓圓頂，若不換新他們的發射活動就無法推進。沒人想要閒晃等待兩星期，遠離家園沒事做，所以等待新零件製造並送到瓜加林期間，工程師們會飛回洛杉磯。

其他時候，似乎很棘手的問題會在發射團隊離開環礁之後不久解決。SpaceX員工當時都攜帶Palm Treo智慧型手機。有一次他們在第一次發射活動期間飛回家，他們剛降落在檀香山時手機開始作響。發射團隊被通知他們可能必須折返，但他們最好繼續回家。晚上七點半抵達洛杉磯國際機場，他們得知他們其實必須回瓜加林，但是下一班出國飛機要到隔天早上才有。在自家床上睡幾個小時，跟家人朋友講幾句話之後，他們又飛回去了。

那年秋天，SpaceX搬了一輛較大的拖車去歐梅雷克，讓工程師和技師們可以晚上睡覺。這樣即使交通船開走了，也能讓一小撮人深夜在火箭旁工作。這些偏遠島嶼上的早期住宿處相當原始，所以克里斯．湯普森有專為過夜人員設計的T恤。當時，實境秀《我要活下去》是美國最紅的節目之一，所以他用節目商標當作設計基礎。但不是用節目的口號「更聰明，更厲害，更能撐」，SpaceX的T恤印著「流更多汗，喝更多酒，做更多事。」SpaceX員工熬過第一夜之後，就能得到這件T恤。

他們必須熬夜工作，因為有太多事要做了。因為總是有問題要處理，工程師和技師們在天黑之後仍把自己逼到精疲力盡。歐梅雷克島上的推進系統團隊由工程師傑瑞米．霍曼帶領，過得格外辛苦。梅林引擎的點火系統必須可靠地在火箭的液態氧和煤油燃料之間引發燃燒，造成了無窮的挫折源頭。

歐梅雷克團隊的十幾二十名工程師和技師感覺在邁向第一次發射的途中被邊緣化，火氣越來越大。瓜加林的幾個高階經理，通常包括布札、湯普森和柯尼斯曼，要跟加州總部的團隊商量，進行電話會議解決問題。然後這些指示要打電話或發email到歐梅雷克試著幫他們的忙。但有時候這些指引對處理硬體的人感覺很拙劣。

當瓜加林島的副總裁們在逼近第一次發射時開始抱怨缺乏書面記錄，壓力更加劇了。經理們下令，對火箭的任何動作都必須仔細記載。這讓歐梅雷克島上的布蘭特．阿爾坦等工程師很煩，他們拚死拚活要讓獵鷹1號火箭準備好發射，同時又被催促加快。他們討厭被要求多做以前不必做的事。接近第一次發射的某天，緊張達到沸點。瓜加林島的副總裁們又打來抱怨缺少文件、表格和單據。「這次大發飆，我們被罵慘了，」阿爾坦說，「我們在歐梅雷克島感覺像奴隸，所有權力都被剝奪。」

而且他們餓了。在歐梅雷克的頭一年，後勤很糟糕。如同小島上的團隊工業產品補給不足，有時候他們也餓肚子工作。就在文件紀錄爆炸的那一天，指定運送食物、啤酒和香菸的交通船沒來。

「我們不眠不休地工作，」霍曼解釋，「我們厭倦了被命令做這個做那個。在某個關頭每個人都受夠了，決定我們必須找辦法讓他們知道我們也是團隊的一份子。」

於是他們開始罷工。霍曼戴上他的Telex耳機，從瓜加林呼叫獵鷹1號發射指揮官提姆·布札。歐梅雷克島的團隊沒拿到糧食和香菸就不會再工作，霍曼說。他們受夠了。

布札看出狀況的嚴重性，他急忙安排一架陸軍直升機當晚送了幾盤烤雞翅和一批香菸到島上。然而，飛行員拒絕降落在歐梅雷克島，爭論說工人們正在豎立發射台上的高塔，上面在倒數期間會攜帶燃料和電力給火箭。那樣不安全。所以布札臨機應變。

「我認識直升機飛行員，答應他如果願意送貨就請他去瓜加林的蛇洞酒吧喝啤酒。」布札說。於是他們沒有降落，只盤旋在島上，把糧食和香菸從側面機門空投下去。

阿爾坦有另一個理論解釋直升機飛行員為什麼不肯降落。他說，發射塔離直升機起降場很遠，但骯髒邋遢的十幾個員工一定是從黑暗中跑出來——有點像《蒼蠅王》的場面。衣衫襤褸，白襯衫沾滿污泥和煤油漬，他們看到直升機過來就蜂擁到停機坪上。「我們就像島上的野獸，等待食物。」他說。跟隨霍曼的王牌技師艾德・湯瑪斯（Ed Thomas）立刻去搶香菸。他把兩根塞到嘴上，一併抽了起來。

靠一些糧食和尼古丁，歐梅雷克島的叛變平息了。

二〇〇五年接近十一月底，團隊覺得準備好了。SpaceX以令人屏息的步調工作，從零開始在三年半之間建造了兩座發射台和一具準備好發射的火箭。十一月二十七日，感恩節過後三天，SpaceX的發射台員工在天黑前幾小時起床，用液態氧和液態煤油裝填火箭燃料。陸軍給了公司六小時窗口，從九點到下午三點左右，去完成靜態點火測試。接著幾天後就發射。那天上午的倒數因為補充火箭氦氣的過程意外地繁重而延誤。（發射期間當推進劑流出燃料槽，要用氦氣把剩餘的燃料和液態氧推入火箭的引擎。）令問題更複雜的是，島上有個大型液態氧儲存槽也出了問題。有個閥門被設定成「排氣」而非關閉。SpaceX必須暫停倒數取得陸軍許可讓幾個員工搭船到島上手動關閉閥門。然後他們必須重新填充燃料，最後耗盡了時間。在倒數期間，主引擎的電腦也故障了。馬斯克叫團隊同時處理灌燃料和電腦問題，在十二月中旬再試一遍。他們在二〇〇五年會有另一次機會發射。

SpaceX在十二月二十日回來作另一次嘗試。填充燃料作業比較順利，但這次天氣不配合。熱帶強風以超過時速四十公里吹過瓜加林環礁，超出安全發射的許可程度。失望的發射團隊開始卸載燃料改天再試。接著，他們在清空煤油燃料槽時發生了災難。

負責火箭結構的湯普森從瓜加林島的飛航管制室看著卸載過程，發現有東西似乎不對勁。「等等，」他說，「那是陰影嗎？」大家抬頭看著螢幕。那個陰影持續變暗。然後，燃料槽脫離火箭，崩塌。

有個加壓閥門短路了，推進劑抽出時迅速造成了槽內真空。第一節火箭的薄艙壁開始變形，向內崩塌。這有可能摧毀整具火箭、引擎等等的。「管制室裡一陣驚慌，我們基本上設法中斷卸載。」湯普森說。他們只有幾秒鐘時間，減緩了卸載燃料的程序，防止可能把獵鷹1號壓成碎片撒在發射台周圍的內爆。

當天稍後，湯普森、馬斯克、柯尼斯曼和一些人搭船到歐梅雷克去看造成的損傷。那天的風勢在環礁吹起了波浪，船經過比格島（Bigej）時撞到了大浪，把湯普森拋上半空中。馬斯克記得他的結構主管被甩到一兩公尺高，重落地，撞到了欄杆。等他到達歐梅雷克時，湯普森的膝蓋已經腫成一顆排球大小。火箭的狀況也不好。第一階段燃料槽完全變形了，必須廢棄。湯普森被抬離島上回到瓜加林時，他知道獵鷹1號無法在那年內發射了。

雖然有這些初期挫折，柯尼斯曼越來越相信SpaceX採取的造火箭方法是正確的。九〇年代他在小宇宙公司的經驗提供了缺錢又不急迫的企業如何失敗的反面案例。小宇宙的創辦人詹姆士·沃茲口袋不深，所以他用各種小額政府補助的一點一滴資金，從一九九三年空軍研究實驗室給的幾百萬美元開始，設法建造天蠍座系列火箭。第一步是小型次軌道火箭，接著是能夠載運幾噸東西進入低地球軌道的兩節式火箭。

小宇宙的整體計畫跟SpaceX的其實很像——研發一具簡單低成本，能夠快速送上發射台飛上太空的火箭。在一九九九與二〇〇一年，柯尼斯曼兩次協助小宇宙從新墨西哥州的白沙飛彈測試場發射次軌道版本的天蠍座火箭。公司形容那兩次測試很成功，但其實差得遠了。當時在小宇宙工作、在白沙基地幫忙進行場地評估的安·琴納利說，二〇〇一年發射的較大型天蠍座原型有升空但是很快就偏離航線。有一部分問題出在柯尼斯曼的導向系統。他跳槽到SpaceX時從這次失敗學到了一些重要的教訓。

柯尼斯曼學會了有夠多資金才能做好事情的價值。沃茲掙扎著用小型政府合約支付火箭研發費用，天蠍座計畫斷斷續續。柯尼斯曼在二〇〇二年初認識馬斯克之後，認為他可能發現了這個問題的對策，當時SpaceX尚未創立。這位富豪的投資或許能救活小宇宙的火箭計畫。柯尼斯曼急著介紹馬斯克給沃茲，安排了會面討論天蠍座火箭和資金需求。他希望老闆和這位投資人能一拍即合。但是他們並沒有。

「在我看來，小宇宙的火箭計畫是在跛腳前進，」柯尼斯曼說，「這裡有個人想造火箭。你把這兩者放在一起，像個雙贏的局，對吧？問題是沃茲和他對於怎麼做有自己的想法，伊隆也有自己的想法，所以基本上沃茲完全看不出那個機會。我很生氣。」

災難性會面過後幾個星期，馬斯克打電話給柯尼斯曼。他願意考慮來新的火箭公司工作嗎？他願意。馬斯克以他的招牌積極風格，安排在柯尼斯曼位於洛杉磯南端社區聖佩卓的自宅面談，這社區還配有一座區域大港。當時，柯尼斯曼的父母碰巧從德國來訪，所以他必須請他們出門去看電影。

面談持續了大約兩小時：他們一個在南非出生，另一位在德國出生，坐在美式客廳一起談論太空。「其實那挺聰明的，」柯尼斯曼說，「如果你真的想了解某個人，他們的為人，就去他們家裡找他們。看看廚房和書架。我有蠻多科技書籍，還有些經典的東西。」航太教科書和艾西莫夫小說一定令馬斯克印象深刻，史坦貝克小說就未必了。

在美國待六年之後，柯尼斯曼家族必須決定他們的美國歷險是否該結束了。如果他們想留下——大多數家人想要——漢斯必須找個更好的工作，薪水和前途都好一點。所以馬斯克延攬時，柯尼斯曼花了大概五毫秒就答應。馬斯克自費一億美元投入這個計畫。不會再靠政府微薄補助跛腳前進。合約中柯尼斯曼唯一想談判的一點是多些休假的選擇。他需要多些時間回德國去探親。馬斯克同意，深知柯尼斯曼會忙到根本沒時間休假。後來果然如此。

二〇〇六年初，在聖誕節前第一階段燃料槽痛苦的內爆之後，SpaceX運了一節新品到歐梅雷克。一抵達，發射團隊連忙把這零件整合到梅林引擎上準備作火箭靜態點火測試。陸軍給公司二月的前兩週去完成這次測試，然後瓜加林發射場就要關閉一個多月維修保養。任何挫敗都會讓SpaceX耽擱好幾個星期。

所以二月第一週，發射團隊組裝好火箭，從歐梅雷克的機庫拖出來到發射台上。一豎立呈發射姿勢，多到眼花的線路必須連接到第一節和第二節燃料槽。這些線路供應燃料、氧化劑、氦氣和其他氣體與液體到火箭裡。火箭也需要充足的電力來調節槽內壓力與閥門開閉。這些設備每當火箭從水平變成豎立姿勢都必須連接與切斷，反之亦然。

把第二節的燃料與電力線路連接到火箭尖端，幾乎要花上一天的繁重任務通常落在結構工程師弗洛·李（Flo Li）身上，當時她已經因為擅長操作電梯被取了「JLG女王」的綽號，或是柯尼斯曼的其他關鍵助手之一布蘭特·阿爾坦。雖然獵鷹1號以火箭的標準來說很小，從引擎底端到酬載物整流罩頂端還是有二十公尺長，幾乎是六層樓建築的高度。對窩在小籃子裡的人可是一大段距離。

對大半輩子苦於懼高症的阿爾坦來說，要鼓起勇氣才能跟弗洛·李爬進JLG電梯籃裡。但是他的電纜往上沿著火箭脊椎上的溝道延伸，他要負責接好這些線。所以，他要在熱帶豔陽下克服自己的恐懼。「每當火箭豎起或放倒，我都會緊張兮兮地跟弗洛搭乘電梯。」他說。

等到弗洛和阿爾坦連接好所有線路，準備讓火箭活起來時，完成靜態點火測試的時限只剩幾天了。二月六日，發射團隊嘗試打開獵鷹1號電源，這種時刻總是很緊張，因為好多地方可能出錯。由於火箭上的電力需求，航電團隊決定拉高電壓，促使更多電流流入。他們這麼做的考量是如果經過長電纜抵達的電流不夠，火箭會發生電壓不足。即使如此，那天當他們嘗試開電源，火箭卻沒有活過來。第二節火箭發生了電力供應問題。

弗洛和阿爾坦回到JLG電梯裡。他們連搆到火箭第二節的航電區都很困難。為了簡化，艙門沒有封死，而是塗上矽膠保持內部防水。弗洛和阿爾坦撕掉密封劑，然後拆掉十幾顆螺絲釘拿開艙門。這兩位工程師幾乎立刻聞到不祥的電器燒焦味。他們開始測試供電給第二節零件的各個盒子，逐一確認。最後，他們來到阿爾坦製作的主要配電盒之一。

它故障了。

「那時我的心情急凍，」阿爾坦說，「我知道是我的作品和我的設計讓大家失望了，我會害大家至少延後一個半月。」

檢查配電盒的圖表之後，阿爾坦發現使用的電容器無法負荷發射團隊供給火箭增加的電壓。第一節火箭的電力盒也有同樣的電容器，意思是也可能隨時失效。更換兩個電力盒的電容器會相對簡單，但是瓜加林沒有電子產品商店所以很不方便。需要的電容器只要大約五美元，但是必須向一萬公里外明尼蘇達州的Digi-Key Electronics購買。

但現在是緊要關頭，再過幾天基地就要關閉。發射團隊急忙想了個計畫。找個德州來的實習生駕駛馬斯克的塞斯納Citation CJ2小飛機從SpaceX工廠飛到明尼蘇達買電容器。同時，幸好每週三班從瓜加林到檀香山的飛機當天稍晚就有。如果阿爾坦趕快，他可以搭上飛機在隔天下午抵達洛杉磯，在那裡跟實習生碰頭。他和另一個技師迅速拆下第一與第二節火箭的配電盒，取出裡面的印刷電路板。把它們放進泡棉保護箱——這是阿爾坦唯一的行李。他跑步去搭船回到瓜加林。

往檀香山的飛機當晚大約凌晨兩點降落，下段往洛杉磯的航程預定約五小時後起飛。停留時間似乎太短不需住飯店，但是檀香山機場在晚上最後一班飛機降落之後就關門。蓬頭垢面的阿爾坦無法睡在航站裡，只好躺在機場大門外的水泥地上，設法睡幾個小時。不過機場關門並沒有停掉大門上方循環播放的錄音。「那天晚上我聽到廣播的Mahalo（夏威夷語的謝謝）大概有幾百次吧，這一切狀況加上腎上腺素分泌，結果根本睡不著。」他說。

在洛杉磯，阿爾坦的老婆去機場接他。她載他直接去內華達街211號的SpaceX航電大樓。實習生已經帶著新電容器到了。更換過程不到一小時，然後再花兩小時完成「接納」測試看看是否一切正常。同時，阿爾坦回家，換上新衣服，準備踏上這趟行程的回程。回到瓜加林會比較舒適，因為馬斯克本人會陪著團隊監看靜態點火測試。他們全擠進馬斯克的大噴射機，達梭獵鷹900型，準備飛回瓜加林。那個德州實習生也跟著去，部分是當作他跑去明尼蘇達的獎勵，也預防萬一需要更多人手幫忙。

阿爾坦原本希望坐在私人噴射機的寬敞皮椅上補眠，但馬斯克卻一直問他問題。到底出了什麼問題？壞掉的電子零件怎麼會跑到他的火箭上？總是注重細節的馬斯克想要精確的答案，還有他們抵達瓜加林之後怎麼做的詳細計畫。阿爾坦完全沒空闔眼。

一架引擎怠轉的陸軍直升機在瓜加林機場等他們。但是首先，照他們的慣例，到瓜加林的訪客必須填申報表過海關，並遵守陸軍基地實施的警戒等級三（Force Protection Bravo，由嚴到鬆分為五級）規定。完成之後，阿爾坦和實習生跳上直升機，拿著防護箱。他們飛到歐梅雷克逆轉程序安裝並重新連接第一與第二節火箭的配電盒。火箭順利地開了電源。阿爾坦記得他將近連續六十小時沒睡，當晚才癱倒在歐梅雷克島。瘋狂的電容器遠征奏效了。公司趕上了期限，在二月十三日嘗試靜態點火測試。

實習生後續的命運就比較不開心了，他仍然在業界工作，我在他要求下姑隱其名。得知他會加入緊急飛往瓜加林之後，實習生在工廠到處問人熱帶體驗是怎樣。實習生宣稱他在SpaceX的上司「推薦」他帶一把小槍，因為島上有靶場。這個解釋似乎很扯，因為瓜加林實質上是個軍事基地，SpaceX的大多數人都知道。實習生還是帶了把手槍和大約一百發子彈。他進入瓜加林時有誠實申報，但在匆忙通關過程中沒有官員發現。當地警方很快發現了他們的錯誤。

獵鷹1號發射指揮官提姆．布札回想站在瓜加林的SpaceX管制室裡，監看實習生抵達隔天在歐梅雷克島上的活動。「我們被憲兵敲門，」布札說，「他們問我知不知道實習生的行蹤。」

他老實地趕回瓜加林島，他和布札見到了島上的警長。最後實習生獲准回洛杉磯，但他在SpaceX的職涯結束了。

但是故事還沒完呢。布札、阿爾坦等人記得很清楚實習生寄給全公司的「宣言」之類的文章，標題是「向我在SpaceX的家人道別」。那封電郵裡，他討論了他的南方出身，想要解釋他的行為和他為什麼覺得有必要帶武器去瓜加林。他也公開了他的槍的名字——貝西。後來他就音訊全無了。

☆ ☆ ☆

發射場在三月重新開放時，SpaceX宣布已經準備好發射獵鷹1號火箭了。發射管制團隊在三月二十四日星期五起了個大早——如果他們在瓜加林小屋、梅西旅館和其他幾棟出租房子的房間睡得著的話。

「我不記得有睡覺，」和柯尼斯曼及阿爾坦合租一棟房子的卡索夫說，「我很興奮，很緊張，非常激動。心想，老天，終於來了。你得記住這就像馬拉松的衝刺。永遠感覺我們只差衝刺就到終點了，但就是到不了。」

那天清晨，他們跳上自行車騎向島上另一邊的發射管制中心。他們遇上環礁早晨常見的逆風，但他們因為期待與全身流遍腎上腺素的興奮，沒什麼感覺。

簡樸的飛航管制室裡，馬斯克在擔憂踱步。他已經搭私人噴射機飛來環礁作過幾次靜態點火與發射嘗試，越來越急著看到獵鷹1號飛上天。後來，他會在重要發射之前淡化眾人的期待，但他在二〇〇六年還沒學會這點。獵鷹1號發射前幾個月，馬斯克就告訴商業雜誌《Fast Company》的記者珍妮佛．萊茵戈德（Jennifer Reingold），獵鷹1號火箭有「遠超過」九十%機會在初次發射成功。

照例，馬斯克一心想著未來。在布札和發射執行官克里斯．湯普森進行倒數時，馬斯克坐在房間後方的平台上。整個倒數過程，馬斯克不時叫湯普森回來討論製造獵鷹5號火箭的材質，他打算後續火箭要用上五具梅林引擎。馬斯克想多了解湯普森訂購特殊鋁合金做獵鷹5號燃料槽的計畫。大約剩三十分鐘時，馬斯克走到湯普森的儀表台展開一段關於為何尚未訂購材料的特別熱烈的對話。

「我們正在倒數中，他卻想對材料進行深度侵略性的對話，」湯普森說，「我目瞪口呆，他根本沒察覺我們正在設法發射火箭，而我是發射執行官，基本上要負責喊出每個指令讓大家執行。我都嚇呆了。」

馬斯克走開之後，布札轉向湯普森問，「這是在搞什麼鬼？」

其實，這只是馬斯克的天性，極度多工作業。即使在重要的倒數途中，他也有能力同時想到公司未來半年或一年的需求。湯普森腦中最沒想到的就是交貨期和鋁的成本。他有個火箭要發射。其實是公司**第一具**火箭。他們那天做的許多事情是頭一遭，而且不確定。但馬斯克的目光遠超過當天的發射。

雖然被老闆打擾，倒數多多少少算是順利。而且讓大家意外的是，時鐘沒有任何暫停一路跳到零秒。火箭的梅林引擎點燃，開始上升。花一年多蓋了兩座發射場之後，琴納利從她的火箭控制站看著。火箭開始爬升時，她不敢相信自己的眼睛。「我們終於倒數到零了，」她說，「當你試過這麼多次卻沒有成功，你未必會在零秒時歡呼。因為你仍有點預期火箭會自行關閉飛不起來。所以我們等了幾秒。然後你發現它真的要飛走了。真是無比暢快。」

就像管制室的幾乎每個人，馬斯克的眼睛盯著發射的畫面。五秒鐘，然後十秒鐘，獵鷹1號火箭爬升到沙地、珊瑚和海面上空。它的火焰燃燒短暫。它真的發射了。緊張的能量變成了歡喜。

同樣快速地，在幾秒之內，一切開始出錯。

穆勒是最先注意到梅林引擎有問題的。「喔幹！」他大叫。

然後所有人大叫。引擎本身似乎著火了。

「我們在上升時注意到，」馬斯克說，「我們原本指望如果火箭飛得夠遠，因為沒有足夠的氧氣可燃燒，或許火焰會熄滅。」

火箭並沒有飛到大氣變稀薄那麼遠。初次起飛半分鐘後，梅林引擎閃爍著熄火。幾秒鐘後，火箭整個停止上升，屈服於重力，往歐梅雷克掉回來。震驚的發射管制人員看著發射台傳來的螢幕畫面顯示燃燒的火箭碎片掉進海裡。瞬間之後，監視畫面也消失了。獵鷹1號的熊熊烈火墜地了。將近四年來，一小群人努力不懈才來到這一刻。在一分鐘之內，一切都完了。

「起先很神奇，然後很嚇人，」琴納利說，「那種事情會讓你深受打擊。」

火箭在瓜加林當地時間上午十點半爆炸。失敗之後，馬斯克和一些SpaceX高階幹部和陸軍官員開會。很快地，他們了解靠近主引擎頂端的燃料外洩導致了火災。這時候已經過了中午，召集所有人搭乘大型雙體船出海開始收集殘骸會花太多時間。以瓜加林的緯度，太陽七點前會下山。

馬斯克和手下幾位資深工程師決定當天下午搭直升機去島上勘察損害，隔天早上再發動完整的打撈行動。他們飛越歐梅雷克時，幾乎沒看到明顯的殘骸。降落傘漂浮在珊瑚礁上，但其餘沒什麼異狀。他們開始拼湊想必發生的過程。鹽水飛沫覆蓋著島嶼的大多數地面。他們看到火箭的殘渣，但沒有大塊殘骸。他們發現火箭一定是墜毀在島嶼東邊的珊瑚礁裡。稍後，另一段發射影片證實了這點，顯示火箭爆炸掉入淺水，讓海水猛烈噴濺在歐梅雷克島上。

那天晚上，為了鼓舞發射團隊士氣，金博爾・馬斯克（Kimbal Musk）決定做晚餐。伊隆的弟弟是SpaceX的初期投資人，第一次發射的活動期間透過題為〈瓜加林環礁與火箭〉的部落格貼文提供大眾資訊更新。在瓜加林小屋住了幾次之後，金博爾厭倦了福利社的難吃食物，所以他去當地雜貨店察看有限的選擇。他身為廚師，跟一個當地軍方員工交上朋友，對方有個含後院與戶外廚房的小房子。第一次發射失敗後，他作了燉豆子番茄、一些當地肉類，還有番茄麵包沙拉。

「那是大份量的菜色，沒有餐桌，所以大家圍成一圈坐著，」他說，「那是個愉快，也很哀傷的夜晚。」

在非常緊繃的時刻，伊隆．馬斯克經常試著用笑聲打破緊張。馬斯克腦筋很機靈。他會說些俏皮話，發現很好笑，就不斷改良笑話當作對話的點綴。這樣，他把聽眾帶入笑話中。他們坐在戶外用餐時，金博爾回顧他哥哥當天我行我素的樣子。如同其他火箭狂熱者，馬斯克在發射期間會有腎上腺素的異常亢奮。到了晚上，他從亢奮中崩潰，開始反省發生了什麼事，可以做什麼才能繼續前進。「他顯然對狀況很難過，但也取笑現實狀況，因為你還能怎麼辦？」金博爾說。

隔天早上在碼頭有個驚喜迎接SpaceX團隊。主要是島上軍方平民雇員一百多人聚集在現場。瓜加林島的總人口只有大約一千人。這些人不是要去梅克島，而是來表達他們對這家小火箭公司的支持。他們想幫忙撿拾獵鷹1號的殘骸促成調查。

雙體船在退潮時一抵達歐梅雷克，SpaceX團隊與平民分頭地毯式搜索這個三公頃小島找火箭碎片。作為調查的一部分，軍方提供地圖讓搜索人員標出他們收集到火箭碎片的位置。「有點好笑，」柯尼斯曼回憶說，「我們做了一陣子，但是到頭來零件掉在哪裡並不重要。它掉下來是因為我們已經知道的其他事情。誰在乎它怎麼爆炸的？」

火箭的小酬載物FalconSAT-2衛星幾乎就掉在升空的地點，整個撞破離海運貨櫃不遠的機械工廠屋頂。很諷刺，這顆十八公斤重的衛星等了五年要上太空，最後卻只移動了幾公尺。空軍官校學生僅以七萬五千美元預算建造的這顆通訊衛星原本排定要由NASA的「亞特蘭提斯號」太空梭搭載的。但NASA在二〇〇三年二月的「哥倫比亞號」事故之後，終結了軌道低成本實驗計畫。

美國防衛先進研究計畫局，簡稱DARPA，在哥倫比亞號悲劇後不久介入提供衛星另一個上太空的途徑。這個國防機構一直在尋找支持像獵鷹1號火箭的創新發射概念的方法，所以買下了獵鷹1號初次發射運能。沒人想要失去衛星，但因為它不算是國防設備的重要成分，適合當作測試的酬載物。

「我們非常高興，」當時在科羅拉多泉的官校監督FalconSAT-2計畫的中校提摩西・勞倫斯（Timothy Lawrence）說，「衛星有希望。我們從一開始就參與了。我們接觸SpaceX，雙方關係很好。」

根據發射協議，需要在瓜加林派個酬載代表人。但在二〇〇五年十二月SpaceX似乎準備好初次發射獵鷹1號時，勞倫斯的所有學生都回家過節了。所以勞倫斯必須跑一趟瓜加林。因為航班誤點，勞倫斯沒趕上檀香山到瓜加林的最後一班飛機，結果改搭馬斯克的私人飛機。一位空軍律師說道德倫理上這沒問題，只要政府用民航機費率補償SpaceX公司即可。

起飛前，馬斯克在獵鷹900噴射機上見到勞倫斯，他邀這位陸軍軍官一起喝威士忌和香檳王，吃蟹肉三明治。飛行期間，勞倫斯大多跟機上飛行員交談，但他也仔細觀察馬斯克兄弟。在金博爾打電玩時，他哥哥大半時間都在看關於早期火箭科學家及其生平事蹟的書，像是美國委託德裔火箭專家馮布朗（Wernher von Braun）和蘇聯委託火箭工程師柯羅烈夫（Sergei Korolev）的計畫。馬斯克似乎很想了解他們犯過的錯誤並從中學習。「我不驚訝他會成功，」勞倫斯說，「他顯然很用心。」

勞倫斯記得跟空軍高層在科羅拉多泉觀看三月二十四日的發射，是SpaceX提供的轉播。當火箭發射時他主要的感覺是如釋重負。雖然結果不太好，至少FalconSAT-2的傳奇終於有了結局。史密森學會想把FalconSAT-2放在國家航空與太空博物館展覽，但勞倫斯和其他空軍軍官判斷如果衛星成為學生的教育工具或許比較好。至今還可以在官校的博物館看到它。

☆☆☆

在瓜加林，第一次發射的打撈工作只用最低限度協調進行了一整天。收集的碎片送到島上的整合機庫。在那裡把零件攤開滿地，依照在火箭的相關位置。很快地，地上出現火箭的輪廓。那天的開始很痛苦，但隨著時間過去，拾荒狩獵變得比較好玩。可能有人從水裡冒出來說，「欸，看，我找到了渦輪幫浦！」他們了解，畢竟沒人受傷。他們會從這次經驗學習。而且下次他們會飛上軌道。

柯尼斯曼那天大半時間都在水裡。他找到了被塞在大約十五公尺長的第一節火箭頂端的降落傘。這是公司設法回收第一節火箭的第一次實驗。至少降落傘撐過了衝擊漂在水上。他跟波浪搏鬥，嘗試回收整組降落傘。但是拉不過來。他在情緒上也跟這次失敗搏鬥，比大多數同僚更難過。柯尼斯曼帶領過獵鷹1號飛航電腦測試與模擬他能設想的每個情境。他計畫過所有可能的失敗方式，設法確保這些狀況不會真正發生在他的火箭上。結果它還是起火掉進海裡了。

「我是那種不容許失敗的人，這次應該成功的，」他說，「所以失敗對我肯定是很痛的教訓。」

失去初次發射的獵鷹1號火箭讓柯尼斯曼陷入沮喪。後來，他的妻子說他回到洛杉磯後一整個月沒跟她或任何人說話。他不記得這回事，但說他當晚下班回家肯定是鬱悶失神的狀態，努力消化這一切。他在想哪裡出了錯，他能怎樣確保不再發生。她接受了他那個樣子。

馬斯克似乎看得出失敗可能影響到某些工程師的情緒。事故之後不久，他打了一封鼓舞士氣的備忘錄給SpaceX團隊。他稱讚火箭主引擎的性能、可控制的飛行、航電系統等等。指出始於發射前六秒鐘的燃料外洩的初步診斷之後，馬斯克寫道公司會進行完整分析，以判定具體上哪裡出了錯。他希望六個月後再嘗試另一次發射。

在他的文章裡，馬斯克也提出一些安慰的觀點。他指出其他標誌性的火箭也經常在初期測試發射失敗，包括知名的歐洲亞利安火箭、俄國的聯盟號與質子號火箭、美國的飛馬，甚至初期的亞特拉斯火箭。

「親自體驗到抵達軌道有多困難，我對那些堅持製造現今成為太空發射支柱載具的人充滿敬意，」他寫道，「SpaceX加入是為了長遠的發展，而且無論有何困難，我們一定會成功。」在他們回加州的私人飛機上，馬斯克兄弟帶著幾位副總裁和其他公司幹部，看了《美國戰隊：世界警察》（Team America: World Police），諷刺美國世界警察角色的二〇〇四年電影。金博爾說這部片的無厘頭提供了最佳解藥紓解大家的緊張。「我們反覆觀看，」他說，「沒有其他電影更適合當時的心情了。」

馬斯克或許能夠在獵鷹1號失敗後笑得出來，但他並不覺得好笑。他的火箭爆炸了。他心想，怎麼會這樣？或許更重要的是，誰搞砸了？

SELLING R[redacted]CKETS

5 賣火箭

二〇〇二年八月－二〇〇六年八月

二〇〇〇年代初期在小宇宙公司工作時，柯尼斯曼交了幾個好朋友，其中交情最好的或許是葛溫．蕭特威爾。一頭金髮又有膽識的蕭特威爾腦筋很好，但沒有某些工程師典型的書呆子氣或彆扭舉止。她當過高中啦啦隊又有爽朗笑容，跟誰都能聊。她還經常和柯尼斯曼出去吃午餐。

所以這個德國工程師二〇〇二年五月在SpaceX走馬上任之後，蕭特威爾的慶祝方式是帶柯尼斯曼去艾爾塞貢多鎮上他們最愛的餐廳，「漢尼斯主廚」（Chef Hannes）的比利時餐廳吃午餐。有時候為了逗他開心，蕭特威爾會改稱店名是漢斯主廚。他們吃完後，她送柯尼斯曼去幾個街區外的東大道1310號。這棟大樓當時只有大約五六個員工在這裡工作。他們停車時，柯尼斯曼邀蕭特威爾進來看看他的新家。

「進來見見伊隆。」他說。

這場臨時會面也許持續了十分鐘，但那段期間蕭特威爾很佩服馬斯克的航太產業知識。他似乎不是半吊子，滿手網路現金，在矽谷大賺一票之後感覺無聊。他反而診斷出產業的問題，也點明了對策。蕭特威爾點頭如搗蒜，聆聽馬斯克談論他建造自己的火箭引擎，並在公司內持續研發其他關鍵元件，壓低發射成本的計畫。對在航太業工作了十幾年很清楚業界遲緩步調的蕭特威爾來說，這很有道理。

「他很有吸引力——**可怕**，但有吸引力。」蕭特威爾說。在他們短暫討論中的某個時間，他提到公司或許該雇人來全職推銷獵鷹1號火箭。吉姆．坎垂爾沒有加入SpaceX當全職員工，只在業務部當顧問。拜訪結束時，蕭特威爾向柯尼斯曼道別離開，祝福這家新公司能成功。然後回到她自己的忙碌生活。

那天下午稍後，馬斯克決定他真的應該雇用全職專人。他設立業務副總裁職位，鼓勵蕭特威爾來申請。蕭特威爾的腦中並沒有期待新工作。在小宇宙待了三年之後，她利用工程學結合推銷技能，讓公司的太空系統生意成長了十倍。她喜歡她的工作。況且，到了二〇〇二年夏天，蕭特威爾感覺她的生活需要一些穩定性。不像大多數馬斯克最近雇用來爆肝工作的大學畢業生，蕭特威爾的私生活有很多要保持平衡的。她快四十歲了，正在辦離婚，有兩個小孩要照顧，還要裝修新公寓。航太產業有馬斯克這種人加入整頓一下是好事，但她也想擾亂自己的生活嗎？

「那是很大的風險，我差點決定不去了，」她說，「我想我很可能惹毛了伊隆，因為我考慮很久。」

最後，機會找上門，她回應了。她的最終決定只憑一個簡單的算計：「呃，我在這個行業裡，」蕭特威爾當時想，「我想要這個行業繼續維持現狀，還是想要它走向伊隆希望帶領的方向？」於是她接受馬斯克丟給她的挑戰與風險。對於去留猶豫了幾星期之後，蕭特威爾終於在洛杉磯的高速公路上開往帕沙迪納時打給馬斯克。

「唉，我真是該死的白癡，我打算接受這份工作。」她說。

馬斯克當時或許沒發現，但他很可能剛剛雇用了公司最重要的員工。

馬斯克把資金、工程技能、領導力等等要素帶進了SpaceX。但要在全球發射產業成功需要的不僅如此。美國的航太公司和俄國、歐洲等地的官方火箭產業都嫉妒地護衛他們的發射商機。NASA、美國空軍和其他政府機構對於事情現狀通常也很滿意。美國大型航太承包商都有運作良好的國會遊說以確保這個秩序持續。要挑戰這一切，馬斯克需要具備他的魯莽但也了解這個政治領域有手腕克服的夥伴。這就是蕭特威爾加入要做的事。

她和馬斯克既不同又相同。他很直率，有時候彆扭——她滿臉笑容又會講話。但在不同的表面底下，他們都和藹可親，有共同的無所畏懼向前衝的哲學，想以他們的理想塑造產業。

接受馬斯克的延攬讓蕭特威爾從比較傳統的航太公司的束縛解放出來。上班第一天，她開始構思把獵鷹1號火箭賣給美國政府和小型衛星客戶的策略。蕭特威爾坐在公司的小隔間集中區，寫了個推銷的行動計畫。馬斯克看了一下告訴她，他不在乎計畫。直接去做就是了。

「我心想，喔，好啊，這倒新鮮。我不必寫該死的計畫了。」蕭特威爾回憶。這是她第一次真正見識馬斯克的管理風格。別談論做事，去做就對了。她接著整理先前在業界的聯絡人名單，還有她認為可能對小型發射載具有興趣的人。蕭特威爾或許沒有備妥發射的火箭，但她的時機很恰巧。二〇〇二年九月蕭特威爾加入SpaceX時，軍方正好對她賣的東西有興趣。

一年前，有個叫史蒂芬·沃克（Steven Walker）的航太工程師坐在五角大廈的辦公桌前，遭遇了美國航空77航班客機撞進國防部總部。九一一恐怖攻擊事件讓沃克和其他美軍都印象深刻，他們急忙回應源自遙遠的阿富汗的威脅。「國防體制的挫折之一就是，除非我們有接近戰場的基地，我們可能要花很久才能介入。」沃克說。蕭特威爾加入SpaceX的同一時間，沃克調到國防先進研究計畫局去主持一項滿足軍方需要快速反應能力的計畫。

諷刺的是，沃克的後九一一計畫也命名為獵鷹，是Force Application and Launch from CONtinental United States的字首縮寫。（沃克選擇名稱的時候還不曉得獵鷹1號火箭的存在。）獵鷹計畫有兩個不同目標。第一個是關於極音速武器研發，第二個是能運送至少四百五十公斤的物品到低地球軌道，每次發射費用五百萬美元的低成本發射器。除了給軍方新能力，也會刺激停滯的美國航太產業。美國防衛先進研究計畫局（DARPA）在二〇〇三年五月開始徵求業界競標這個小型火箭計畫，最後收到二十四家回應。沃克從這裡面選了九家各自補助大約價值五十萬美元作設計研究。有些錢落入像洛克希德馬丁之類的大公司，但大多數給了像SpaceX的小公司。最終，SpaceX和專研從C-17運輸機投放火箭的AirLaunch公司出線成為最後競爭者。後來AirLaunch一直沒能上太空。

DARPA對SpaceX的支持不只是這個發射計畫而已。二〇〇五年，DARPA促成了SpaceX遷往瓜加林，跟當地陸軍官員合作方便使用基地，幫忙讓獵鷹1號火箭得到發射認可。沃克也出手提供資金讓空軍官校的FalconSAT-2酬載物從太空梭計畫轉移到獵鷹1號，準備在二〇〇六年發射。

「在我心目中，衛星進入軌道不是最重要，比較重要的是SpaceX和伊隆得到能夠改變發射產業去進步的地位，」沃克說，「我很佩服他們的工作倫理。當然，有點莽撞成分。有點高傲。但我認為那是看領域而定。如果你想做沒有其他商業公司做到的事，你最好是有點信心。」

一九八三年，莎莉・萊德成為第一個上太空的女性之後許多年，她對充當女孩子的模範角色感覺很不安。後來的人生中，她在訪談裡解釋過她如何接納這種地位。「年輕女孩必須看到她們可能選擇的職涯中的模範角色，以便她們想像自己未來做那些工作。」萊德說，「你看不到對象就無法效法。」

蕭特威爾對工程學也有類似的體驗。一九六九年，她父親帶著五歲的她和兄弟姊妹在電視機前收看阿波羅11號登月。她對此事印象模糊，只記得挺無聊的，沒有她熟悉的兒童節目那麼「好看」。其餘的阿波羅計畫她根本沒注意，從未真正激發對科學的興趣。蕭特威爾在芝加哥北方靠近威斯康辛州邊界的小鎮自由鎮長大，生活中課外活動和學業一樣重要。她是啦啦隊隊長，打過籃球校隊，享有廣泛的高人氣。但情況在她大一或大二那年某個週六開始變化。某種直覺促使母親帶著蕭特威爾去參加女性工程師學會在伊利諾理工學院辦的活動。蕭特威爾在活動中從電力工程師、化學工程師和機械工程師等小組吸取職涯建議。

「我喜歡那個機械工程師，」蕭特威爾說，「她很會說話。她姿態優雅。她穿著漂亮套裝，你或許聽說過，這不是開玩笑。我只覺得她很棒。喔，她還經營自己的生意。」其實，她擁有一家專門使用環保建材的建築公司，在七〇年代末期不是什麼時髦的行業。「我愛上了她，我說我要像她一樣，」蕭特威爾說，「我就是因此當上工程師的。」

高中三年級時，蕭特威爾並沒有費力尋找最佳的工程學校。在成績全部拿A的學生可能有的選項中，她只申請了附近的西北大學。她想要上在許多非理工領域，不只是工程學很強的學校。大名鼎鼎的麻省理工學院寄信來鼓勵她申請，簡介手冊上的名字就令她反感。休想，她心想，她不想上名叫麻省理工學院的學校。蕭特威爾不想在人生的未來四年讓人當作怪胎。「我想要確保我不是書呆子，」她說，「當時這對我很重要。現在我以書呆子為榮，我慶幸我的小孩專注在工程學。我丈夫是工程師。我的前夫也是工程師。他父母都是工程師。現在我們陶醉在工程學裡，但外面的世界很不一樣。」

大學果然是個困難的轉變。她大一的成績因為活躍的社交生活勉強過關，她上工程課程很吃力。突破發生在很費力的分析課課堂上。雖然她很注意聽教授講課，密集的材料似乎難以理解。

但蕭特威爾花了一個週末拚命了解期末考的基礎時，一切突然開始合理。她的教授發還考卷時，她得了最高分。老師一定很驚訝，因為他交還蕭特威爾的考卷時，懷疑地看她一眼。無疑他猜想她是否用了什麼方法作弊才拿到A。

憑著新發現的自信和改善的成績，蕭特威爾開始申請各種工程師職位。一九八六年一月二十八日，她去IBM面試。她得走過艾凡斯頓市中心前往校園裡的會場，但途中停下來看商店櫥窗電視轉播的「挑戰者號」太空梭發射。這次任務包括第一個飛上太空的教師克莉絲塔．麥考里菲（Christa McAuliffe），是全國的大新聞。蕭特威爾觀看時越來越驚恐，太空梭升空七十三秒後爆炸解體，設在地面的攝影機仍拍得很清楚。她還是去面試了，但難以忘懷她剛看到的事。「其實我為那件事感到震撼，」她說，「我沒有拿到IBM的職缺，所以我在面試的表現想必很爛。」

她獲得的最好職缺是克萊斯勒汽車，那年雇用了幾十名畢業生，付他們年薪大約四萬美元，希望磨練他們升上管理階級。一星期後，蕭特威爾來到底特律市中心的汽車機械學校。「我和那些男生要翻修引擎，搞定閥門，重建傳動系統，」她說，「我很喜歡。」下個星期她會和公司的工程師合作設計新車。雖然她喜歡汽車工作，但汽車工程沒那麼有啟發性。很多真正困難——因此有趣——的任務都外包給通常在外國的承包商。所以一九八八年，完成應用數學碩士學位之後，這個中西部女生決定搬到國家另一端追求仍是美國領導的事業領域：太空飛行。她在洛杉磯的航太公司（Aerospace Corporation）④找到了熱能分析師工作。

她在一九九一年初次真正接觸到太空，是STS-39太空梭任務。當太空船從陽光下移動到陰影中，例如太空梭經過地球背面，與太陽相對，太空溫度會迅速變化。為了這項任務，國防部、NASA和國際社會用太空梭飛了幾趟實驗，當太空梭在太空中打開酬載艙門，「溫暖」的酬載物必須保持溫暖，而「冷卻」的酬載物保持冷卻。身為熱能分析師，蕭特威爾在超級電腦上執行太空梭繞行地球的即時加溫模型，把資料提供給休士頓詹森太空中心的任務管制人員。這很好玩，但過了一陣子蕭特威爾發現，像航太公司這種主要作分析的公司或許也不是最適合她的。

當了十年分析師之後，她加入了小宇宙，主要專注在賣服務給她在航太公司認識的政府機構和太空企業。在小宇宙的三年間，該公司從擔心裁員改善到可以擴張。但這段經歷還是不太能滿足她對改變業界的渴望。蕭特威爾的內心深處知道她可以為全世界做更多。所以想到販賣伊隆・馬斯克未經驗證的火箭，為公認的苛刻老闆工作，並未令她卻步。「當時我已經了解產業，」她說，「我會賣給我的老同事。我當然能夠賣火箭。完全沒問題。」

譯註④：聯邦資助的研發中心。該公司為軍事、民用和商業客戶提供太空任務各方面的技術指導和建議。

☆☆☆

從一開始，蕭特威爾就了解空軍、NASA和民間產業之間複雜多變的關係。不過馬斯克還在學習他的新聯邦客戶。除了推銷火箭，蕭特威爾的一部分工作變成經營公司、她老闆和美國政府之間的關係。

那幾年蕭特威爾和馬斯克花很多時間一起到處奔走。她和前夫每週輪流各自照顧兩個小孩。跟小孩一起的時候，蕭特威爾會提早到SpaceX，大約晚上六七點下班，回家接手孩子保姆的工作。其餘的時候，她可以放縱，熬夜工作，有需要就出差。二〇〇三年，她和馬斯克去華盛頓特區，跟當時的國家偵察局局長彼得．提茲（Peter Teets）會面作介紹。提茲代表重要的潛在客戶，因為他的機構為美國政府設計、建造及發射各種間諜衛星。提茲大致上支持這家新創公司的意圖，但他以前見識過這種簡報。

「我記得他把手放在伊隆背後，差點擁抱他說，『小子，這比你想像的困難多了。絕對行不通的，』」蕭特威爾說。一聽此話，馬斯克挺直背脊，眼中露出蕭特威爾能輕易解讀的眼神。如果馬斯克心裡在會議前對於完成獵鷹1號計畫有任何懷疑，提茲的父權態度強化了他的決心。

「你剛讓他改變主意了，」蕭特威爾想著提茲以及他的話對於馬斯克的影響。「他一定會讓你後悔說過這句話。」

蕭特威爾和瀝在客戶會面同時，火箭的設計一直在改。在前幾年，工程師會規畫、建造和測試獵鷹1號的硬體，然後在零件失效時修改他們的設計。公司的疊代設計哲學對於許多從事航太工作的政府官員是新概念，他們習慣了穩定的設計和進度遲緩的計畫。

「跟上進度，並向客戶解釋我們為什麼對這樣那樣有不同的做法，是個挑戰，」蕭特威爾說。她會耐心地描述公司在設計過程中先犯錯，以便在最終產品排除那些錯誤的方法。「這些都是政府客戶，所以雖然他們想要快速進展，狀況變化跟他們執行得一樣快，還是無法提供多少安慰。那是我在SpaceX幾乎整個職涯中必須處理的最困難事項。」

隨著蕭特威爾搏得馬斯克的信心，她的角色持續擴張。她起初管理客戶互動，但最後工作內容加上人力資源、法務和SpaceX日常營運。她的存在讓馬斯克能夠專注在他最有效益的地方。他在SpaceX辦公室上班的日子——因為他手頭上計畫很多，多年來有大幅變化，但大致上相當於半週的工作天——馬斯克說他花八十到九十%的時間在工程問題。包括作設計決策，把SpaceX從供貨商取得零件與建造引擎、火箭和太空船遵循的流程最佳化。馬斯克會在會議上當機立斷。這是讓SpaceX動作這麼快速的關鍵之一。

「我作支出決策和工程決策是一併衡量的，」他說，「通常腦中有至少兩個人。工程人員想要說服財務人員這筆錢該花。但財務人員不懂工程學，所以無法判斷這是不是花錢的好辦法。而我同時作工程決策和支出決策。所以我已經知道我的大腦相信自己了。」

當SpaceX在二〇〇三年深入鑽研獵鷹1號火箭的研發，馬斯克逐漸相信像提茲這類客戶必須看到實際硬體才會相信公司和火箭是認真的。那年接近感恩節的時候，馬斯克催促他的新任機械加工副總裁鮑伯．李根完成公司的第一具獵鷹1號火箭作公開展示。但是火箭就是還沒準備好，所以李根的團隊必須模擬一個。他們每天工作十八小時建造真實比例模型，在感恩節前夕完成。火箭本身是空心的，但從外表看來，梅林引擎和第一節、第二節火箭夠逼真了。

「讓火箭看起來逼真挺難的，」李根說，「我們真是拚了命。但最後我們讓它看起來很屌。」

感恩節翌日，第一具獵鷹1號「火箭」從SpaceX工廠推出來作全國巡迴展示。馬斯克希望在首都激起漣漪，所以他的火箭運往華盛頓特區。它差點到了，但在市區外圍，聯結卡車通過鐵路平交道時停了下來。它通過時，火車號誌的紅燈和警鈴啟動了，阻擋桿放下砸在獵鷹1號上面。損害很輕微，司機在火車通過前及時停車。卡車抵達市區後，由市警局護送進入市中心，二十公尺長的火箭光鮮亮麗地停在獨立大道，國家航空與太空博物館的對街。如果大家需要看到火箭，馬斯克就會讓他們看火箭。

蕭特威爾欣賞馬斯克透過像史密森學會活動的表演能力，與批評者正面對決的天賦。每個人都認為SpaceX這種民營公司建造軌道火箭簡直瘋了，當時馬斯克告訴她。他們認為絕不可能成功的。「他的態度是，咱們把這該死的玩意運過去讓所有反對者看看它來了。」她說。

華府的活動在十二月四日舉行，晚間的氣溫只比冰點高出一兩度。馬斯克站在火箭前面簡短致辭之後，和其餘賓客躲進作為接待公司員工、國會幕僚和潛在客戶的博物館裡。在瓜加林協助SpaceX蓋發射場的中校提姆．曼戈也在受邀之列。「那或許是我參加過最有趣的社交活動了，」他說，「我是傘兵出身。赤字管理人員。所以參加那種活動的身分只是個小軍官，拿到一杯拿破崙白蘭地？這就厲害了。」

馬斯克的幾個關鍵幫手也來參加派對。穆勒、湯普森、柯尼斯曼和布札穿上西裝護送他們的老婆來會場混進人群中。慶祝活動收尾時，副總裁和妻子們打算去時髦的深夜鋼琴酒吧慶功。但他們離開博物館時，馬斯克把他們拖回來收拾火箭。他決定火箭最好搬到比較偏遠的地方過夜。於是一身正式穿著的工程師們無法在鋼琴酒吧唱歌，回到戶外停在街上的火箭。當時已經過了午夜，下著冰冷的細雨，他們用油布蓋住獵鷹1號準備搬運。他們又濕又冷又累，凌晨一點過後才回到老婆身邊。

史密森學會的活動是第一個「揭露」的前導活動，有一天馬斯克會像賈伯斯一樣家喻戶曉。以獵鷹1號來說，馬斯克需要政府客戶開始下訂單買發射。他相信這樣子SpaceX總有一天能夠獲利。超越小型的DARPA獵鷹計畫，不過，政府尚未看出小型衛星的發射需求，也沒簽合約建造。馬斯克比較期待的是，這類需求與自籌資金研發火箭能夠服務商業與政府兩方面的客戶。他建造火箭碰碰運氣。

「當政府雇用你來設計、研發、建造和營運一樣東西，他們就是顧客，」蕭特威爾說，「他們會付錢。他們會出手影響設計。一些決策。他們會負擔整個計畫。但沒人會付我們設計或研發費用。他們付錢給我們是為了發射。」這提供了優勢讓SpaceX可以建造馬斯克和手下工程師們想要的火箭——但是也有個大缺點。除非蕭特威爾賣掉很多發射合約，否則公司會倒掉。

馬斯克把獵鷹1號火箭拖進首都時，是想要擄獲一個特定政府機構的注意。二〇〇三年初的「哥倫比亞號」太空梭事故之後，NASA開始規畫太空梭之後的未來。甚至有利用民營太空船把太空人送上軌道的傳聞，這樣很可能省錢又讓NASA能轉型到深太空探索。當他們開始向商用太空產業求助，馬斯克認為SpaceX似乎可以作點貢獻。但他的希望放錯地方了。NASA另有計畫，這會導致馬斯克和國家的太空機構之間的轉型衝突。最後這個衝突拯救了他的火箭公司。

SpaceX出現的幾年前，有家叫做奇斯勒航太（Kistler Aerospace）的美國公司也開始研發新型火箭。雖然SpaceX和奇斯勒都渴望研發可重複使用的發射系統，他們進行的方式完全不同。二〇〇三年，當SpaceX狂熱地建造第一具火箭時，奇斯勒已經做了十年卻什麼也沒發射。不過公司花掉了很多錢。那年奇斯勒申請破產保護時，申報債務大約六億美元而資產只有大約六百萬。

初期投資了一億美元，馬斯克知道如果他的引擎、軟體等等依賴傳統供貨商就負擔不起建造獵鷹1號火箭。「跟大型航太承包商合作，天啊，一千萬美元他們還懶得起床呢，」他說。因此，SpaceX盡力自行建造獵鷹1號火箭，也尋求非傳統的航太供貨商。「大多數航太人士根本懶得理我們，」他說，「他們大多數不認識我是誰。即使認識，我也是個搞網路的人，所以我很可能會失敗。」

馬斯克教他的團隊以嚴格眼光評估火箭的每個零件。布萊恩．畢爾德記得老是被挑戰。對於任何任務，典型的航太公司只會用以前習慣用過的零件。這樣能讓工程師省下判斷新零件是否適合太空飛行的耗時困難工作。SpaceX的態度不一樣。

「沒錯，可能已經有現成零件了，」畢爾德說，「但是最適合你的用途嗎？它出自優良供貨商嗎？他們的次級或三級供貨商怎麼樣呢？如果你需要他們做更多更快，他們會符合你的需求嗎？如果你想修改東西，他們會願意配合嗎？如果你改良了那個產品，以後他們會賣給你的競爭對手嗎？」

由一群前NASA工程師領導的奇斯勒用傳統心態進行火箭設計。該公司在打算從澳洲南部發射、攜帶多達四噸到低地球軌道的K-1火箭酬載用戶指南中誇耀績優航太供貨商。「每家奇斯勒航太的承包商都是各自航太產業領域的第一名，有建構類似元件的豐富經驗，」指南如此陳述。那些承包商包括洛克希德馬丁（液態氧燃料槽）、諾斯洛普格魯曼（結構）、Aerojet（引擎）、Draper（航電系統），諸如此類。設法整合這些高價元件之後，也難怪奇斯勒在二〇〇三年發生財務危機。

但是該公司在NASA有個潛在救星。它的長期執行長喬治・穆勒（George Mueller），是NASA的阿波羅計畫的英雄之一。他在一九六〇年代領導NASA的載人太空飛行計畫，外界推崇他的管理方法讓美國人能夠按計畫登月。後來，他協助建立了NASA下一個重大載人飛行計畫的基礎，就是太空梭。離開NASA之後，穆勒參與過幾個民間創投計畫，從一九九五年開始領導奇斯勒。

二〇〇四年二月，該公司破產一年後，NASA宣布與奇斯勒簽下兩億兩千七百萬美元的合約。這筆錢資助奇斯勒完成建造K-1火箭以便讓公司運送補給品給國際太空站。有些觀察家認為這是已經八十五歲的阿波羅傳奇人物的庇蔭。NASA合理化支援奇斯勒的根據是，沒有其他美國公司有K-1火箭這麼接近完成的產品了。當時，公司說他們完成了七十五%的火箭硬體、八十五%的設計，飛航軟體則是一百%。

馬斯克氣炸了。他閱讀NASA新聞稿發現他最鄙視的情況。他認為，NASA在此案是用偏袒而非競爭來決定得標者，去執行SpaceX也可能做到的事情。如果奇斯勒發射了貨物，改天也可能準備發射人類上太空。「伊隆知道我們會建造太空船，能把人送到國際太空站去，」蕭特威爾說，「那段時期我還不知道，但他知道。」

當然，SpaceX在二〇〇四年也還沒有發射。但已經開始進行例行的引擎測試。距離火箭完整的靜態點火大約還有一年。馬斯克想要抗議NASA的這個酬庸舉動。

「很多人勸過我不要抗議，」馬斯克說，「你有九十%機會輸掉。你會惹怒這個潛在客戶。我心想，這事我們這邊似乎比較『有道理』。這事似乎應該以競爭來決定。如果我們不反抗，那我想我們就完蛋了，或嚴重傷害我們成功的機會。NASA身為太空發射的最大客戶會跟我們斷絕關係。我必須抗議。」

從NASA和奇斯勒的觀點看來，該公司贏得送貨的機會是公平競爭的一部分。一年前，奇斯勒在展示特定太空能力的競爭中贏得NASA的另一份合約。二〇〇三年當NASA開始評估太空站貨運的潛在供應商，他們判定奇斯勒提供了最佳選項。所以NASA和奇斯勒重新談判先前大力獎勵的合約條款。

「這顯然是NASA方面的創意，但他們有做過功課評估過其他來源，奇斯勒遙遙領先其他人，」當時擔任奇斯勒計畫經理的羅伯·梅爾森（Rob Meyerson）說，後來他當了十五年「藍色起源」（Blue Origin）⑤的總裁。「SpaceX當時比較沒沒無聞。」

編按⑤：亞馬遜公司創始人傑夫·貝佐斯（Jeff Bezos）於二〇〇〇年創辦的私人航太公司。

馬斯克並不這麼想，不肯被嚇退。SpaceX提出了抗議。不只如此，公司還贏了。NASA得知美國政府問責辦公室將在公平問題作出有利於SpaceX的裁決之後，NASA撤銷與奇斯勒的契約。NASA發現它必須要在貨運項目開放新的競爭。這成了NASA的商用軌道運輸服務計畫（簡稱COTS）的基礎，兩年後計畫公開，永遠改變了SpaceX公司。

「我跟那次抗議沒有關係，」蕭特威爾說，「是伊隆的主意。他的遠見帶動了公司。」

奇斯勒抗議事件只是馬斯克和蕭特威爾在政府委員會面前和法庭上打過的許多戰役之一。一年後，SpaceX和美國發射產業的三大巨頭爆發衝突。其中一戰，SpaceX和諾斯洛普格魯曼為了穆勒和他的火箭引擎技術互告。另一次，比較有後果的戰役，SpaceX控告波音及洛克希德馬丁為了合併他們的發射業務成為單一火箭公司，稱作聯合發射聯盟（United Launch Alliance）的計畫。

這兩大政府承包商從太空時代一開始就建造了許多從美國本土發射的火箭。兩者都在九〇年代承接現代火箭研發，波音建造了三角洲4號火箭系列，洛克希德則是亞特拉斯5號。雖然他們習慣了來自美國空軍和NASA涉及國家安全的大規模發射合約，兩家公司的新火箭在商用衛星發射價格上都無法與俄國和歐洲對手競爭。到了二〇〇五年，美國商用發射，例如電視和其他通訊的大型衛星的全球市占率掉到接近零。這讓兩家美國公司只能爭搶空軍合約保持收支平衡。

他們之間為了合約的競爭越來越難看，互相指控剽竊。美國司法部調查了波音，問它如何取得屬於洛克希德馬丁多達幾萬頁的商業機密。引發一些官司。然後，因為擔心失去三角洲火箭系列，包括三角洲4號重裝版，美國空軍介入。國防部為了結束司法戰仲裁出一項協議，讓洛克希德和波音把他們的火箭建造部門合併成一家公司。雙方各自持股五十%的聯合發射聯盟，新公司必須維持亞特拉斯與三角洲系列載具準備好發射。因此，該公司除了個別發射合約之外，每年還會收到價值約十億美元的政府付款。軍方得到了他們要的——兩種獨立的上太空方法。兩大航太公司洛克希德和波音也是。他們這下壟斷了未來十年的國家安全相關發射，而且保證獲利。

大家都很開心——除了馬斯克。他在美國地方法院控告以阻止合併，主張SpaceX應該獲得允許為這些任務參與競爭。雖然SpaceX確實尚未發射任何火箭，公司有大型計畫，製造比獵鷹1號大的火箭。他覺得這是觸犯反托拉斯法。這次，SpaceX輸了。

「我們並非想要拆解老人俱樂部；我們想做的是參與公平競爭，」蕭特威爾說，「就是這麼回事。只要公平。」

所以，幾乎從一開始SpaceX就必須為自己的生存戰鬥。馬斯克和蕭特威爾成功的祕密之一，就是他們不向大公司和政府機構的既有秩序屈服。如果他們必須控告政府，他們就告。馬斯克為了反擊會用一切可行手段。前三年內，SpaceX控告過三家發射產業的大型對手，反抗空軍提案的聯合發射聯盟合併，也抗議NASA的合約。馬斯克通往軌道之路不是走在蛋殼上。他打破了很多雞蛋。

當然，這讓蕭特威爾日子很不好過，她會在太空會議上見到競爭對手，必須修補與政府官員的受損關係。在這些爭議中，獵鷹1號初次發射大約一年前，蕭特威爾收到邀請去丹佛市南方的華特頓峽谷參觀洛克希德的火箭生產設施。從冷戰初期開始，洛克希德在那裡建造火箭有半世紀了。她不記得他們為什麼邀她去參觀亞特拉斯生產工廠，但蕭特威爾肯定感受到在范登堡空軍基地體驗過的黑手黨氣息：如果你們再這樣，我們會消滅你們。

最驚人的是那個地方的空曠。她是在工作天的中午造訪。不是午餐時間。在廣大的工廠裡沒人在做火箭硬體工作。她說，「這座巨大工廠裡大概就三個人，地板很漂亮，一大堆硬體，卻沒人在工作。」

洛克希德和其他大型發射公司被餵養油水豐厚的政府合約。無論什麼任務，他們會收到實際成本，加上別的費用。通常一件東西越貴，公司收到的費用越多。花越多時間，費用也越高。蕭特威爾說，SpaceX與眾不同的方式之一，就是推動固定價格合約，誘因促使公司盡快完成工作。這也鼓勵顧客維持相同的要求標準，對火箭或太空船的設計不要作昂貴的訂單修改。

SpaceX的獵鷹1號對政府和商業客戶提供一致的價格——六百萬美元。在那個時代低得出奇，而且直到公司能每年發射幾十具獵鷹1號火箭才能夠獲利。在當時，小型衛星發射市場上唯一能比較的美國火箭是「飛馬」（Pegasus）發射載具，製造公司叫做軌道科學公司。飛馬堪稱是世界第一具民間研發的軌道火箭，在一九九〇年上了太空。飛馬火箭在四萬呎高度從改裝飛機投放，能運送跟獵鷹1號火箭類似規模的酬載物。不過，那具火箭的設計簡單多了，因為它用固態火箭燃料（想像爆竹）而非液態。它也用既有的硬體，結合最先進的零件成為新系統。

當然，這個傳統方法導致成本較高。當蕭特威爾在二〇〇〇年代初以獵鷹1號切入市場，飛馬發射成本介於兩千六百萬到兩千八百萬美元之間，所以她能輕易打敗——如果她的公司能發射。因為他的價格太好了，馬斯克希望它放在公司網站最顯眼的位置。

這種透明度在當時算相當激進。「它揭開簾幕進入一個黑暗小角落，」經營投資集團「太空天使」（Space Angels）密切追蹤公開與私人投資太空飛行的查德．安德遜（Chad Anderson）說，「在此之前只有少數幾家服務政府與商用發射需求的公司，而且接近聯合壟斷狀態。」

SpaceX以低價和透明度改變了預期。蕭特威爾在二〇〇三年簽下第一份發射合約，為國防部的部隊轉型辦公室送上一顆叫做TacSat的小型實驗衛星。這帶給公司三百五十萬美元收入。馬來西亞人付了大約六百萬從瓜加林發射Razak- SAT衛星。包括獵鷹1號初次飛行的酬載，DARPA買下了兩次任務。加上一些小補貼，結果DARPA貢獻了大約一千六百萬給SpaceX。這些初期顧客都跟著公司經歷過第一次發射失敗。

「我想早期顧客不只需要我們成功，他們也希望我們成功，所以他們會堅持住，」蕭特威爾說，「早期顧客如果不認同我們的經營哲學，是不會雇用菜鳥公司的。」

有個老笑話這麼說：如果你想成為百萬富豪，就從億萬富豪開始，創立一家火箭公司。馬斯克創立SpaceX之前不是億萬富豪，但過了四年看起來肯定是賠了大錢。SpaceX在獵鷹1號初次航程簽定的大約兩千五百萬元合約中，只有一部分錢在發射成功前支付。這對一億美元投資似乎是很差的報酬率，所以NASA才會是這麼重要的潛在客戶。

二〇〇六年春天，當琴納利、布札、柯尼斯曼和其他人在瓜加林拚死拚活發射第一具獵鷹1號，在艾爾塞貢多的蕭特威爾和屬下眼光盯著更大的財務機會。SpaceX的錢還沒燒光，但搬去新發射場和一百六十個員工膨脹中的薪資對生存造成了影響。不過多虧馬斯克對奇斯勒交易提出抗議，NASA重新開放使用民營火箭與太空船送貨到國際太空站的簽約流程。這次，他們收到了二十一家公司競標COTS契約，二〇〇六年三月，NASA把申請人篩選出六個入圍者。

SpaceX也在其中。那年春天到夏天與NASA談判期間，NASA顯然有兩個主要顧慮：SpaceX的技術品質——畢竟獵鷹1號火箭剛發生過火災——以及馬斯克是否有財力完成這項計畫。對SpaceX來說，迎合NASA的需求不只涉及放大獵鷹1號火箭的規模成為大得多的發射載具，要九個梅林引擎，還要研發軌道太空船。以前沒有民營公司這麼做過。財務顧慮也有道理，因為至少馬斯克似乎可能必須引進外部投資人。蕭特威爾帶領一個小團隊專門回應NASA的無數疑問。

二〇〇六年夏天慢慢過去，SpaceX與其他入圍者等待公布誰能拿到有利可圖的契約去設計他們的貨運載具。到了八月，NASA終於打了電話來。蕭特威爾在公司艾爾塞貢多總部樓上，跟馬斯克一起。掛斷之後，他們在工廠一樓召開重要幕僚會議，暫停下一具獵鷹1號火箭的工作。馬斯克站在廚房被員工圍繞。他的發言很簡短。

「呃，」他說，「我們他媽的贏了。」

SpaceX在兩個關鍵方面獲得大勝。第一，他們有錢了。價值兩億七千八百萬美元的合約能讓馬斯克加速他建造大型軌道火箭的計畫，在他的團隊解決獵鷹1號載具問題時，確保公司的未來。有了資金，SpaceX也可以搬到比較大、現在已成象徵的霍桑總部。或許最重要的，有了合約代表NASA為公司背書。「那真的很重要，」蕭特威爾說，「我們是小公司。當時我們都是笨蛋。我們在那年三月炸了一具火箭。在我看來，NASA承認了雖然我們的獵鷹1號失敗一次，他們感覺我們的態度是正確的。」

簡單說，SpaceX有真材實料。蕭特威爾也是。她在芝加哥認識那個穿著講究、自學成功的機械工程師，說服她可以當個工程師的女人二十年後，現在蕭特威爾穿著高跟鞋與時髦衣服。輪到她表現給那些男人看看該怎麼做事了。

FLIGHT TWO

6 第二次發射

二〇〇六年三月－二〇〇七年三月

伊隆．馬斯克承認他對SpaceX的初期員工要求特別嚴格。所以他決定獎勵二〇〇四年大半年都出差去德州和其他地方作引擎測試的員工們。二〇〇四年離鄉工作兩百天以上的人在二〇〇五年可以多休兩週假期，而且想去哪裡度假，所有費用都由公司買單。

「那肯定是很大的表態，」傑瑞米．霍曼說，「我們或許只有十到十五人受到獎勵，那證明了我們大家多頻繁出差與犧牲。」霍曼只需要告訴瑪莉．貝絲．布朗他想去哪裡，她會處理剩下的事。

那年霍曼打算結婚，所以他選擇用免費假期度他的蜜月，在紐西蘭待一週然後去大溪地待一週。大多數符合資格的員工在二〇〇五年稍早就休了免費假期。但霍曼等到同年稍晚，因為他和未婚妻珍妮計畫舉行秋季婚禮。他們選了十月讓他們的全部家人可以來到她的家鄉梅卡尼克維爾，紐約州奧巴尼北方的一個小鎮。

那年秋天隨著獵鷹1號的工作進行，火箭似乎可以在霍曼的婚假期間準備好發射。被要求延後婚禮時，霍曼拒絕。太多計畫已經確定了，他和珍妮已經為SpaceX犧牲夠多了。他們在十月八日結婚。霍曼安排好在當年稍晚，感恩節左右度蜜月，心想到時初次發射一定已經完成了。所以當SpaceX終於在感恩節過後初次嘗試獵鷹1號的靜態點火測試，霍曼缺席了。

「SpaceX初次嘗試發射時，珍妮和我置身在波拉波拉島的小屋，」他說，「我們的網路服務稀少，只能在大廳上網。我沒發現，直到過了很久才知道取消了，等我回到洛杉磯才得知原因。」

度完蜜月回來後，霍曼立刻被派往瓜加林幾個月準備第一次發射的活動。因此，他在二〇〇六年三月參與了第一次發射，作為後備小組的一員。前一晚，他和另外幾位工程師和技師，包括弗洛．李和布蘭特．阿爾坦，在歐梅雷克延後吃晚餐，然後在星空下熬夜，檢查發射裝備，說笑話紓解緊張。天亮前幾小時他們作好發射的最終準備，確保液態氧供應適當，最後一次檢查火箭，然後在填充燃料作業開始前回到幾哩外的梅克島。

他們擠在一起從水泥碉堡裡面看著，一面盯著霍曼的筆電看從獵鷹1號傳來的資料串流，其餘人看著弗洛的電腦影片。梅林引擎失敗，火箭掉向海洋之後，他們激動的叫聲與交談平息。只剩一件事可做。收到發射場許可之後，他們衝出去直奔碼頭，搭上往歐梅雷克的船。途中他們多半沉默，沒人知道該說什麼。等到他們抵達作初步調查時，煙霧已經散去。「我很震驚，因為說真的，我們花了好多時間做出那具火箭，」弗洛說，「然後看到它這麼快變成地上的碎片，太嚇人了。」

他們探索歐梅雷克沒多久，後備小組聽到了直升機旋翼呼嘯聲。是馬斯克、穆勒和幾個發射管制室的工程師來評估狀況，並開始收集殘骸。失敗的善後工作中，弗洛和其他人很感激馬斯克的鼓勵，要找出問題，解決它，繼續前進。「我總覺得他的衝勁超強，能想通問題重新開始。」弗洛說。

馬斯克肯定想重新來過。但他也想譴責那些讓公司失望的人。這是他的天性，出了差錯之後要找出造成問題的人發洩他的挫折。在他心目中，獵鷹1號失敗的原因是推進系統員工太散漫，他們是最後摸過火箭的人。他自己公開這麼說過。發射後不到兩星期，四月五日在聲譽卓著的國家太空研討會會議上，馬斯克說，「目前所有分析都顯示問題的性質是發射前一天的發射台處理錯誤。」他補充，犯這個錯誤的是「我們最有經驗的技師之一」。

獵鷹1號發射後幾小時，工程師們查出毛病出在燃料外洩。看來是煤油燃料管上有個小螺帽沒有適當鎖緊。這個簡單螺帽在輸送管線連接處提供可靠的封閉——如果鎖緊到特定程度。發射準備期間這顆螺帽被拆下好幾次，反覆評估引擎附近相對脆弱的航電系統電子元件。其實，在三月發射的前一天，霍曼和號稱公司最佳技師艾迪．湯瑪斯（Eddie Thomas）就拆下又裝上這顆螺帽，評估需要重新接線的點火閥門。升空前六秒鐘，燃料管線打開時，煤油開始漏到那顆螺帽所在位置的引擎上。引擎在倒數三秒鐘點火時，累積的燃料點燃成為明火。火箭起飛，但這個火焰迫使引擎在升空三十四秒後關閉。火焰從引擎噴嘴出來是好事。但是火焰從引擎本身冒出來就非常非常不妙。

獵鷹1號失敗之後，霍曼急著盡量多回收火箭硬體，研究資料，精確地拼湊出發生什麼事。身為任務的推進系統主管，他對火箭能升空很驕傲，也很盼望下次能一路飛上軌道。霍曼在歐梅雷克島待了兩天幫忙善後，整理殘骸，整理場地準備好下次嘗試發射。他沒什麼時間上網，直到坐上從檀香山到洛杉磯的商用客機。霍曼記得連上飛機的陽春WiFi網路，慢慢載入關於失敗的新聞報導。最後，他發現有些文章暗示馬斯克責怪他和湯瑪斯沒能妥當鎖緊煤油燃料管線上的螺帽。這有點不公道。沒有資料支持這項指控。等到他的班機降落在洛杉磯時，霍曼很不爽。

霍曼說他取車直接開了三公里路到SpaceX的艾爾塞貢多工廠。他停在前面，說他走進馬斯克的小隔間，不甩瑪莉・貝絲・布朗的抗議。霍曼不喜歡被點名。但如果有必要，憑著四年來在SpaceX的資歷，他可以輕易找到新工作。但湯瑪斯就未必了。技師湯瑪斯有女兒在念國中，要養家活口。所以霍曼因為公開受辱對老闆發飆，也抗議他最器重的技師名譽受損。

霍曼說，過了幾分鐘，蕭特威爾出現把他從馬斯克辦公桌前拉走。穆勒趕來見霍曼。他們針對事發經過談了一會兒。最後，霍曼說他要回家過週末冷靜一下，星期一會回來。他回來上班時，霍曼告訴穆勒要他留在SpaceX有一個條件：他永遠不想跟馬斯克說話了。

馬斯克記得的事件並非如此。「我不記得霍曼有衝進我的小隔間，他的意見對我的判斷也不會有多少影響，」馬斯克說，「精確說法是，他的工作有時候不符合成功火箭發射所需的精準度。」馬斯克也對湯瑪斯表達了善意，事後他在SpaceX繼續幹了十年左右。「我參加了他的退休派對，並且盡量用最強烈措辭表達對他所作貢獻的感謝。」馬斯克說。

無論馬斯克和霍曼之間究竟發生了什麼事，穆勒知道他不希望失去已經能信任而且依賴的副手。霍曼在麥格雷戈和瓜加林有過功勞而且幾乎從一開始就在這家公司。穆勒表達了立場。第一次發射的任務經理大衛．季格（David Giger）說穆勒在推進工程師和馬斯克衝突之後支持霍曼。

「他基本上的態度是，如果你不想要霍曼繼續留在公司，那我也會同進退，」季格說，「我覺得穆勒真的很勇敢，而我認為這也是穆勒何以能建立這麼堅強的團隊。他支持下屬。」

最後，霍曼和湯瑪斯其實並沒有過失。第一次發射的失敗原因是熱帶環境，不是霍曼和湯瑪斯的疏失。有問題的燃料輸入線真的在歐梅雷克的殘骸中找到了，裂開的半顆螺帽仍然被霍曼和湯瑪斯安裝的安全線固定住。幾個月後DARPA發表獵鷹1號航程檢討報告時，他們的結論是，「唯一可信的火災起因是，燃料幫浦入口壓力轉換器上鋁製的螺帽因為接縫處腐蝕斷裂而失效。」那顆螺帽只值五美元，因為初次發射前夕歐梅雷克島的海水鹽分噴濺而腐蝕斷裂。

「那只是該死的倒楣，」穆勒說，「全世界最倒楣。」

獵鷹1號初次發射前很久，馬斯克、穆勒和湯普森就討論過螺帽問題。他們辯論要採用鋁還是不鏽鋼。穆勒所知的大多數火箭都用鋁材料。在陸戰隊搭過直升機飛行的湯普森說，美國航空母艦搭載跑遍全世界、暴露在海鹽中的直升機都用鋁。最後，馬斯克批准使用鋁製螺帽，因為它重量只有鋼的三分之一。對於火箭，每一點重量都很重要。

發射之前，SpaceX工程師們頗擔心海鹽噴濺的腐蝕效應，所以使用了ACF-50抗腐蝕潤滑劑塗在火箭零件上。但他們塗得不夠徹底，他們也沒有考量到腐蝕性環境造成的傷害程度。連機庫本身都沒有氣候控制。「老實說，我們做了傻事，」柯尼斯曼說，「我們讓火箭留在戶外太久了，諸如此類。真的，我不認為我們理解環境有多嚴峻。我們也學到了教訓。」

或許最令人震驚的是，發射團隊每次都讓火箭完全暴露在發射台上好幾星期。二〇〇五年十二月二十日，SpaceX已經倒數要發射獵鷹1號火箭，但最終被迫中斷。（事後，就在這時發現第一節燃料槽在卸載燃料過程中變形了。）當時，再過五天就是聖誕節了，整個蓬頭垢面的發射團隊已經犧牲了幾個月的私生活，很想衝回本土去搶救剩下的假期。

倉促中，他們讓火箭留在戶外而沒有送回機庫裡。機庫是用布料覆蓋在鋁製骨架上，不是什麼堅固的結構，但至少提供馬馬虎虎的保護。把獵鷹1號火箭從豎直放到水平姿勢送回機庫，意味著一大批SpaceX員工會錯過最後的客機航班無法回家過節。布札等人猜想他們一月初就會回來，所以獵鷹1號火箭頂多只會暴露在嚴苛環境中兩星期。但是因為生產替代硬體延誤，結果他們直到一月二十日才回到島上把火箭推回機庫裡。

第一節引擎因此在戶外的嚴酷狀況下放了一整個月。季風幾乎不斷吹過歐梅雷克島，帶來含鹽的水氣。發射台就在離岸不到一百公尺的地方，有巨大浪花把鹽拋進空氣中包住了火箭。

「那裡的腐蝕環境很誇張，」馬斯克說，「在瓜加林，如果你有一台腳踏車，隨時都有含鹽的水珠。你必須把腳踏車放在海風的下風處，否則車子會變成一堆氧化鋁或鐵鏽。島上的菜鳥都把他們的車子放在迎風處。了解狀況的人就會放在下風處，否則車子很快就會完蛋。」

無論是否腐蝕，反正他們都會失去火箭。在歐梅雷克準備獵鷹1號發射時，有個工程師在灌燃料程序中打開了閥門讓第二節的燃料槽比較容易排氣。這個閥門一直沒關上。即使獵鷹1號火箭的第一節稍微爬升，第二節也無法維持足夠加壓把FalconSAT-2送入軌道。

這都是在事後資料檢討中發現的。馬斯克問他的團隊為什麼電腦沒檢查過閥門關閉這種事。答案很簡單：他們沒時間安裝這類偵測器。所以SpaceX的第一次重大失敗教了馬斯克，一家發射公司的進度或許有某種極限。他還是會催，但他也給團隊更多工作空間。

「雖然我們認為可以快速發射，我們發現我們還有些缺點，」布札說，「我們可不想在下次發射因這些而失敗，因為第一次的失敗太痛苦了。在SpaceX由下到上都有個想法，我們必須花點時間修正這些事情。」

馬斯克決定第二次發射會攜帶質量模擬器而非真的衛星，讓公司能專注在搞定獵鷹1號火箭。而且他們會慢慢來，第一次和第二次火箭發射之間過了將近一整年。漸漸地在二〇〇六年的剩餘期間，SpaceX開始適應比較傳統的航太業做法。在傳統的火箭組裝過程中，有人會仔細記錄建造中加入的每個元件或零件的序號。建造第一具獵鷹1號時，沒人真正專心做這種紀錄。未來建造獵鷹1號就不同了。馬斯克也弄了他想要的偵測器。第二具獵鷹1號火箭會攜帶各種裝置以確保壓力、溫度等等在可接受的限度內。如果有人沒關閥門，電腦會指出來。

「在成熟度與紀律方面，我們到第二次發射時已經是脫胎換骨的公司，」安・琴納利說，「失敗幫助了我們。」

SpaceX也實施設計修正來改良火箭，他們稱為「獵鷹1.1版」。花了一年建造、測試和試飛第一具火箭之後，公司的工程師們變聰明多了。例如，航電團隊學到整個火箭的大量電子線路更好的排列方法。從外表看來獵鷹1號沒變，但是內部不一樣了。

更多改變在於領導方式。獵鷹1號失敗前不久，馬斯克宣布雇用公司的第一任總裁兼營運長吉姆・梅瑟（Jim Maser）。這位業界老鳥二〇〇一年起擔任過四國共有的火箭公司Sea Launch的總裁。到梅瑟離開時，該公司從機動海上平台發射過十九具烏克蘭火箭。

四十五歲的梅瑟代表新創公司典型成長過程的聘雇——創立幾年後由老資格的外來主管進來當家。這種人會想要在混亂中建立秩序。「如果你的企業成長，早晚必須離開車庫，用比較專業的方式管理。」梅瑟說。所以他嘗試更專業地管理SpaceX。當他看到員工在工廠裡穿拖鞋，梅瑟下令禁止。為了與不高興的員工妥協，他答應可以繼續穿短褲。

憑藉二十年的波音航太傳承，梅瑟確實帶來了莊重，也協助建立一些存貨控制與品管方式，促使SpaceX在第一到第二次發射之間更成熟。但有些員工，像是柯尼斯曼，把梅瑟的態度視為傲慢。對他們來說，新老闆表現得好像比SpaceX的任何人更懂火箭。柯尼斯曼的挫折感是有道理的。梅瑟對航電主管很嚴厲，對獵鷹1號電腦實施超出現實世界條件的嚴格品質測試。當梅瑟開始把航電元件作更嚴格的測試，它們開始壞掉。

「我想他早該知道的，我講得很清楚，」梅瑟說到這位德國工程師，「我想他並不同意我。」

無論是否傲慢，梅瑟對他的經驗肯定很有信心，他想要幫助SpaceX避免先前其他火箭公司學到的錯誤。梅瑟習慣了當執行長，推動他認為必要的改變，這導致了跟大老闆的衝突。在SpaceX待幾個月之後，梅瑟告訴馬斯克公司應該雇用兩個「系統」工程師來評估整體火箭的潛在風險。他也想實施更嚴格的進度計畫。二〇〇六年，馬斯克已經談到獵鷹九號發射日期。梅瑟進行獨立評估發現馬斯克的發射日期遠遠太過樂觀。對梅瑟來說，這都是專業管理的公司該做的事。馬斯克則視之為官僚體系的非必要強迫。

「經營Sea Launch這麼久之後，我習慣了當負責的主管，」梅瑟說，「他終究不願意退居幕後，當我涉入更深，我們就開始發生衝突。我覺得顯然伊隆沒準備好接受我，我不是那種只會聽命行事的人。」

二〇〇六年底前，梅瑟離開了SpaceX成為引擎製造商普惠洛克達因（Pratt & Whitney

Rocketdyne）的總裁。他的任期只有九個月。這實在不太適合他。布札說梅瑟帶給SpaceX很多力量，但他終究不願意被塑造成馬斯克的形象。「克里斯．湯普森也有點掙扎，」布札說，「說到和伊隆共事，我想穆勒、柯尼斯曼和我都能夠保持微妙的平衡。」微妙平衡的意思是馬斯克會聽別人意見，他鼓勵辯論。他授權給資深員工資金和權威。但他總是最後拍板。

在獵鷹1號火箭第二次發射前，馬斯克召集副總裁和高階工程師們一起討論關於發射在即的最大顧慮。公司的每個主要部門——結構、推進和航電——提出任務中自己的前十大風險清單。例如，某組特定閥門或許在模擬中表現不佳，或是供貨商送來的某批元件不符品質測試標準。工程團隊會討論這些問題並找出對策。

柯尼斯曼手上的問題可多了。他考慮的問題之一是第二節火箭那稱作晃動（slosh）的現象。當火箭發射燃燒推進劑，它的燃料槽會像水沖進馬桶那樣流乾。槽內空掉時，剩餘的燃料可能到處亂晃。如果這個效應變得太明顯，可能導致火箭旋轉失控。這很像端著一碗湯跑步。如果火箭的動作搭配到晃動，「湯」會灑得到處都是。

控制晃動的方法之一是要沿著燃料槽邊緣插入擋板，基本上就是抑制這個效應的金屬板，幫助引導燃料流向第二節火箭引擎。SpaceX在第一節有這麼做，但在第二節會浪費更多載運質量，因為它會帶著酬載物一路飛到軌道。所以如果能避免這麼做是最好不過了。因為除了實際發射，無法在飛行中可靠地測試上節火箭的表現，柯尼斯曼是用電腦模型協助史提夫．戴維斯模擬燃料晃動。

戴維斯是公司的創業元老之一，在二〇〇三年中期加入，到了二〇〇七年他已經管理獵鷹1號火箭的導向、導航和控制事務。他有三個不同的第二節火箭搖晃模型，根據不同假設執行一次又一次的模擬。大多數時候，第二節火箭表現正常。但有微小的機率火箭會旋轉失控。「那不只是某個數值想必不對，」他說，「是很多事情連結得很糟糕。」

第二次航程有很多風險。戴維斯準備PowerPoint簡報給柯尼斯曼看的時候，他的系統有大約十五項風險。他最大的擔憂其實是飛行中的火箭彎曲。搖晃的排名在第十一項。「搖晃是個風險，」戴維斯說，「但是那次發射中包括很多已知風險。」

當馬斯克過來內華達大道211號的航電部門辦公室與團隊碰面討論他們在第二次發射之前的顧慮，柯尼斯曼提出了他團隊的結論。最後，團隊選擇接受大多數風險，包括搖晃。處理這些問題會多花好幾個月研究，還可能增添許多重量到火箭上。在SpaceX，比較直接的對策是甘脆發射火箭，接受有比較決定性結果的嚴格考驗，而不要好幾個月的分析、假設和模擬。

反正他們真的負擔不起在火箭添加更多質量了。當時，SpaceX在建造能運送廣告所說的一千磅（約四百五十公斤）到低地球軌道的火箭上遭遇了困難。梅林引擎的性能不如公司預期的高，也比他們計畫的更重。火箭大多數採鋁製的結構中有些零件也比預測的更重。

「照大多數的慣例，我們很難搞定質量和性能，」馬斯克說，「我們的酬載量，還有上節火箭的每一磅肯定很危險，我們一磅一磅地失去衛星載運量。」

說到要加裝搖晃擋板，馬斯克也擔憂第二節火箭結構的剛性。擋板必須焊接在用鋁合金製造的燃料槽壁面上。因為質量顧慮，這些壁面對於裝載高壓燃料的火箭已經薄得很危險了。焊接晃動擋板會在與槽壁連接處造成結構上的弱點。馬斯克心想，這麼複雜很可能增加而非降低第二節內部的風險。

「那甚至不在前十名風險內，」馬斯克說，「還能有多糟糕呢？」

當馬斯克和他的幹部團隊辯論眼前發射的最大風險，弗洛．李和其他幾十個員工在工廠完成第二具獵鷹1號火箭。弗洛是SpaceX的初期員工之一，追逐自己有朝一日上太空的夢想。她年輕的時候，週末期間父母會開車送她和弟弟從德拉瓦州越過切薩皮克灣大橋到華府，去參觀國家航空與太空博物館。有一天，她在博物館的IMAX劇院找到了她的天命，當時在播放《藍色星球》影片。這部一九九〇年發行的作品中包括由太空梭上的太空人拍攝，從太空看地球的迷人影片。

「我心想，『天啊。我想做這個工作，』」弗洛回憶說。她打算有一天要上太空。她會親眼俯瞰地球，讚嘆這顆星球的藍色美景。

當太空人的童年夢想持續一輩子，弗洛猜想通往太空最直接的路徑就是工程學。德拉瓦大學沒有航太學系，所以她讀機械工程。她選了史丹佛大學的研究所，因為它的航太工程頗有名聲。老實說，弗洛的人生前二十年都在德拉瓦州度過，也渴望一點冒險。「我寧可說德拉瓦州讓我成為夢想家，因為那裡太無聊了。」她說。

弗洛是在二〇〇三年春天初次聽說SpaceX的事，當時她在準備上博士班，希望更符合太空人申請資格。她和一些朋友按照週四夜慣例在當地廉價酒吧「安東尼奧精神病院」聚會。當晚話題是馬斯克，他親自打電話邀她的一位同學去艾爾塞貢多面談。他建造嶄新火箭的願景留在弗洛的腦海，在一個月後的徵才展覽會上，SpaceX攤位吸引了她的注意。弗洛交出了履歷表，很快她就受邀和克里斯・湯普森，然後與馬斯克面談。SpaceX需要人幫忙建造獵鷹1號的燃料槽與外殼。弗洛上過結構學課程但缺少實務經驗。而且她根本不確定她想要這份工作。史丹佛提供博士班名額和舒適的社交生活。SpaceX只確定工作很辛苦。

結果她接受了這份工作，但立刻質疑自己的決定。從灣區開上五號州際公路到洛杉磯時，她的福斯金龜車隨著下坡進入聖費南多谷地減到龜速。她緩慢前進時，有很多時間考慮她捲入了什麼狀況。她一想到拋棄的朋友們不禁落淚。她在洛杉磯幾乎不認識任何人。

但是工作很快吞噬了弗洛的憂慮。要是沒時間過社交生活，誰還需要朋友？反正，她喜歡這些同事，很快培養出交情。二〇〇三年六月，她加入公司後向湯普森及其他工程師學習航太理論，然後跟硬體技師們一起工作。

「我下班時會覺得天旋地轉，因為腦袋塞太多資訊超載了，」她說，「我不知道何時開始的，但過了幾個月我狀況很好，我感覺這就是現在我想專注的事。好像這就是我的人生。我全心投入。而這感覺真的很好，因為我覺得可以把我的全部注意力和焦點放在我必須做的事情上。」

弗洛穩定地贏得湯普森的信任，成為結構部門的關鍵副手。他們的整體任務挺簡單的。載具的主體必須撐過嚴苛的發射，忍受高速加速，可靠地控制高壓之下的揮發性燃料。這個結構必須極度輕量，否則火箭永遠飛不上天。湯普森稱呼弗洛是「二號女兒」，委託她負責火箭的酬載整流罩。這是指火箭頂端上升到太空途中保護酬載物的圓錐。在傳統的航太公司，會向供貨商採購整流罩。但是馬斯克希望SpaceX設計與建造自己的酬載整流罩。

作為起點，她閱讀網路上找得到的大量NASA檔案。選定整流罩設計之後，弗洛和其他幾位工程師建造模型測試他們的想法。這項實務工程和課堂環境很不一樣，以前她學習各材料的理論特性，像是強度與剛性，以及了解特定結構崩壞點的數學基礎。現在她在現實世界建造東西。

「在獵鷹1號研發初期，我們什麼都做了一點，」弗洛說，「我學習怎麼使用鉚釘槍，怎麼把東西焊在一起。我們做出東西之後，必須判定結構是否合格。我們必須用測試說服自己，我們在電腦上檢查，然後在這裡建造的這個結構，不會在我們發射上太空時崩潰。」

新造的第一節在二〇〇六年十一月運到歐梅雷克，公司的焦點從美國本土轉回到瓜加林。在第二次發射活動的開頭，馬斯克設定的目標是在一月發射。整個十二月，發射團隊在檢查第一與第二節，把兩者組合在一起成為單一火箭。然而，發射團隊回家過聖誕假期時，還剩很多工作要做，布札知道在一月發射的希望渺茫。

SpaceX工程師面對的諸多挑戰之一，就是讓火箭和地面支援設備通訊。聖誕節後兩天，布札和柯尼斯曼在討論涉及梅林引擎電腦的問題，在十二月的測試中它會間歇性斷線。他們發現如果要修理，就必須停止討論並直接開始修火箭。說服老婆必須這麼做之後，兩位副總裁搭機回到瓜加林。他們會在歐梅雷克島度過除夕和新年，解決問題同時給軟體除錯。他們為了公司孤伶伶待在熱帶孤島上，唯一同伴是測試場主管莎朗・赫斯特（Sharon Hurst）。兩位男士都已有妻兒，很遺憾犧牲了家庭時間，但是工作必須完成。他們努力熬過來，喝著廉價啤酒，在孤立中找事做。「對我來說，歐梅雷克島的偏遠還滿啟發人心，」柯尼斯曼說，「這裡好像另一個星球。」那真是艱困時期。他們失去了第一具火箭。他們來到這裡，再度遠離家人。但是再度摸到硬體感覺很好。對布札和柯尼斯曼來說，二〇〇七年初充滿希望。

SpaceX錯過了一月的發射日期，但年假期間回到歐梅雷克的工程師和技師們進度穩定。嘗試發射前，公司會進行兩次不同的重大測試以確保火箭準備好了。第一項測試稱作「濕式演練」（wet dress rehearsal），跟衣服沒有任何關係。而是工程師們要填充燃料進火箭，然後倒數會一路進行到最後六十秒左右。火箭通過這項測試之後，過幾天或幾星期，工程師們會進行發射前靜態點火測試。

這些測試都需要大量的液態氧。為了供應液態氧給火箭，SpaceX訂購了五千加侖裝貨櫃從本土運過來。長達一個月大部分在熱帶海域期間，每個超冷卻燃料槽大約三分之一會蒸發掉。他們的液態氧永遠不夠用。尋找創意對策時，布札認為他找到廣告宣稱能濃縮空氣分離出液態氧的機械而解決了問題。馬斯克甚至簽字下單採買。

航電工程師菲爾．卡索夫記得，這部機器運抵歐梅雷克的包裝大得出乎預料。完整組裝好，大約是半個標準水陸聯運貨櫃的大小。「看起來好像出自瘋狂科學家的實驗室，一堆旋轉呼嘯的東西，配有閥門和量表。」他說。工程師和技師們花了好幾天潤滑機器，上油，潤滑，然後終於啟動。它打嗝，發出怪聲。等好奇的工程師們大約四十五分鐘後回來，布札興奮地歡呼機器真的有效。結果它沒壞掉的時候每天能生產大約三百加侖，補充了公司的液態氧供應。但是距離一勞永逸還差得遠。

「伊隆就是這樣，他願意花錢嘗試新東西，」卡索夫說，「那很與眾不同。去波音花錢，嘗試之前要試著想想看你的負債會有多高。但伊隆的態度是，好啊，試試看。如果行不通我們可以把它賣掉，或成為學到教訓的存貨。」

需要大量電力才能運轉的液態氧機器的不幸宿命等著它。過了一陣子，布札的團隊把它搬回瓜加林，有個名叫賈布維（Jabwi）的馬紹爾當地人受訓操作。機器啟動吐出液態氧時，他必須在裡面。某天晚上，布札坐在梅西旅館的門廊時，全島大停電。他察覺不妙，立刻跳上他的腳踏車騎到機器所在的發射管制中心。他知道失去電力，只要有一點火星就會造成複雜機器內部重傷。「那是電力大風暴，」布札說，「賈布維以為是魔鬼跑進來了。」結果液態氧生成機燒壞了。就像陸軍的多次慣例，SpaceX把機器丟進潟湖裡。如今它是一座人工魚礁。

在第一次發射活動期間，SpaceX斷斷續續漫長又痛苦地工作了幾個月，開始靜態點火測試他們的火箭，從瓜加林發射。相較之下，準備第二次發射進行得比較連貫，有新程序加上後見之明的助益，只花了幾星期。事情進展很有效率，可是只到升空前的四十八小時。

SpaceX在二〇〇七年三月十六日完成了成功的獵鷹1號火箭第一節靜態點火測試。短短四天後，他們已經在倒數發射。然而，剩六十秒時，壓力指數顯示某燃料閥門外洩之後，飛航電腦自動取消倒數。可能是火箭真的出問題，或是例如偵測器故障誤報。沒有好辦法確定，只能評估硬體。布札決定火箭最好抽乾燃料來處理這個問題。

同時，馬斯克從公司的艾爾塞貢多總部的指揮車上監看發射。SpaceX原本打算用這台改裝貨櫃拖車當范登堡基地任務的機動發射管制中心，但現在它改變用途。有整面的隔音牆和監控電視顯示從歐梅雷克傳來的即時影像，馬斯克可以追蹤倒數的每一步。這下他不高興了。

馬斯克等了將近一整年才能嘗試第二次，他想要發射。他追問布札為什麼火箭必須完全清空燃料才能調查問題。他聽到的答案是不安全。他們可以忽略中止訊號，重新啟動火箭，當天再試一次嗎？如果感測器找出了可能威脅任務成功的實質問題就不行。

布札是發射指揮官，由他說了算。他下令火箭清空燃料。「伊隆超不爽的，」布札說，「我懷疑如果他在瓜加林的管制室裡，他會如願以償，但是他在八千公里外，讓我有點彈性空間多花時間想清楚這件事。」

他們清空火箭之後，發射團隊調查發現問題太複雜，無法靠單純重新啟動解決。布札當天中止的決定是完全正當的。接下來的幾個小時，瓜加林和歐梅雷克島上的工程師解決了飛航電腦指出的問題。布札和他的團隊在午夜離開瓜加林的管制室去睡幾個小時，對隔天的發射嘗試感到有信心。

對歐梅雷克島的後備小組來說，中止二十四小時表示又一個漫漫長夜讓硬體準備好試第二次。三月二十一日天亮後，霍曼、弗洛和其他人再次進行注入燃料前的最終準備。但是不像第一次發射，霍曼和弗洛並非都從梅克島監看第二次任務。他們在員工撤離島上時走散了。弗洛和另外幾個人搭船到梅克島上的碉堡去，而霍曼搭直升機回到瓜加林。這次第二次發射，他會從SpaceX的飛航管制室監視火箭的推進系統。

隔天早上倒數順利進行，這次飛航電腦直接通過六十秒。倒數的最後幾秒緩慢得令人痛苦，所以時鐘跳到零秒時簡直像奇蹟。引擎點火。有冒煙。有火焰。但接著火箭沒有上升。在升空前的最終系統檢查中，為了確保燃燒室的壓力在最適狀態，飛航電腦發現壓力太低。又一次中止。真是發射團隊的惡夢。

「我知道這次我無法拒絕伊隆，」布札說，「我的腦筋飛轉。我必須另想辦法脫困。」

布札絞盡腦汁。他用耳機和加州的穆勒及馬斯克通話，霍曼也在現場。他們一起花了好幾年研發與測試梅林引擎，他們對它瞭若指掌。感測器顯示燃燒室壓力只比中止限度低〇．五％。這是因為煤油燃料比正常值稍冷了一點，他們發現原因是前一天的失敗所造成。SpaceX把煤油燃料以華氏八十度（約攝氏二十七度）儲存在歐梅雷克的隔熱槽裡。在前一天，他們從儲存槽把煤油注入火箭時，它在第一節火箭裡冷卻了。中止之後，他們卸載煤油回到隔熱儲存槽。但是經過不到二十四小時，沒有足夠時間讓燃料加溫到預期的程度。所以當他們隔天裝填火箭，煤油異常地低溫。

布札和手下知道他們必須稍微加熱火箭裡的燃料，感測器測量出是華氏六十四度（約攝氏十八度）。布札叫霍曼計算燃料必須加溫到多少以免觸動另一次自動中止。這位推進系統工程師回報華氏六十九度（約攝氏二十度）。

多五度，如此而已。布札判斷如果他們抽乾火箭上的半數燃料再重新注入，機內的燃料溫度應該會有七十二度（約攝氏二十二度）。重新倒數再回到零秒的一小時內，這些燃料預期會冷卻大約華氏三度。這樣會很驚險，但是卸載更多燃料就有耗時太久的風險，尤其海平線上有暴雨雲威脅。布札向遠在艾爾塞貢多的穆勒和馬斯克分享他的行動計畫，每個人都迅速同意。

島上的下午一點十分，第二具獵鷹1號火箭開始第三次倒數。引擎勉強通過最終的燃燒室壓力測試之後，火箭發射了。這次，引擎只在應該燃燒的地方燃燒。

飛航管制室裡，霍曼沒有停下來抬頭看顯示發射的螢幕。他的模糊目光反而盯著他的螢幕上火箭推進系統傳來的資料。上升中火箭的影像雖然吸引人，攝影機未必總是事情的全貌。但是資料很少說謊。第一次發射的時候，他看著梅林引擎室裡面的壓力掉到零。他比其餘大多數人更早知道，獵鷹1號火箭要墜毀了。但在第二次發射，他的資料串流顯示不同的情況。推進室裡的感測器回報壓力良好。火箭的溫度正常。燃料槽壓力良好。這次，獵鷹1號火箭直衝雲霄。幾分鐘後，第一節從火箭的第二節脫落，第二節繼續爬升。梅林引擎成功了，上帝保佑。霍曼感覺非常非常高興。第一次發射的苦澀結束，但第二次發射的滋味甜美多了。

幾公里外的弗洛也在看著，感覺越來越得意。不久，獵鷹1號越過太空門檻，超過一百公里高度。按照預定，弗洛協助設計、建造與測試的酬載整流罩也脫落，追著第一節火箭掉進大氣層裡。弗洛盯著火箭傳回來的影像，不知不覺間看著她幫忙建造的東西捕捉到的地球景觀。突然間她變回了六歲女孩，坐在陰暗的劇院裡。「從太空看地球連接回到了我的童年記憶，真是太棒了。」弗洛說。

一切完美，直到突然生變。第一節分離的幾分鐘後，她注意到有東西不對勁。獵鷹1號火箭的第二節開始以螺旋狀偏離航線。它緩慢地開始打轉。隨著旋轉加速到大約每分鐘六十轉，kestrel引擎熄火。火箭抵達了太空，但是並未進入穩定的低地球軌道。第二節火箭開始下降，掉到瓜加林東方幾百公里外的海裡，靠近一個叫做金曼礁的淹水陸地。後來，他們發現這一點時，大家都不禁發笑——「金曼」（Kingman）碰巧就是柯尼斯曼姓氏（Koenigsmann）的英文版。

雖然結果失敗，SpaceX的第二次發射很接近成功。比第一次發射接近多了。布札說瓜加林島上的管制室對這次發射感覺挺好的。他們沒達到一百%的任務成功，但或許有九十五%。從第一次失敗以來他們熬過了好辛苦的一年，現在他們通過了整個第一節火箭燃燒，機體分離，第二節點火，整流罩分離。創業還不到五年，公司已經爬升突破地球的大氣層。SpaceX的下一步很清楚——上軌道。

「我們以前老是說需要試三次才能上軌道，」布札說，「那天晚上我們其實有點慶幸。」

☆ ☆ ☆

馬斯克也對他的火箭公司感覺好些了。發射之後幾天，他公開說過這次任務對SpaceX代表「邁進一大步」。這次，沒人必須從歐梅雷克周圍的礁石撿拾獵鷹1號火箭的碎片。霍曼、弗洛

（SpaceX提供）

位於太平洋瓜加林環礁的偏遠島嶼歐梅雷克全景，後來它成為SpaceX的獵鷹1號發射場。
在汪洋大海中，歐梅雷克只是一個小點：面積僅三公頃，大約紐約市兩個街區大小。（提姆．布札提供）

克里斯·湯普森、漢斯·柯尼斯曼和安·琴納利在二〇〇三年初次到訪歐梅雷克。歐梅雷克的日曬有時毫不留情，除了最強的防曬劑以外，能穿透T恤等衣物。（柯尼斯曼提供）

歐梅雷克島只能搭船或直升機前往，把人員與物資運輸到SpaceX發射台一直是後勤上的挑戰。圖中，休伊直升機正準備降落。（柯尼斯曼提供）

歐梅雷克南方的比格島是SpaceX團隊有時下班回家途中會停留游泳的地方。（柯尼斯曼提供）

SpaceX創辦人兼執行長伊隆・馬斯克，在2010年陪同歐巴馬總統參觀卡納維爾角。（NASA/Bill Ingalls提供）

圖右的葛溫・蕭特威爾擔任業務副總裁期間，是讓成長中的公司財務穩定的關鍵。她在此與重要客戶，NASA署長查理・波登（Charlie Bolden）合照。（NASA/Jay Westcott提供）

馬斯克的發射總工程師漢斯．柯尼斯曼在第四次發射的兩天前搭乘休伊直升機。（柯尼斯曼提供）

推進系統專家與梅林和Kestrel引擎的建築師，湯姆．穆勒在SpaceX的小隔間。（穆勒提供）

SpaceX的發射與測試副總裁提姆．布札。（布札提供）

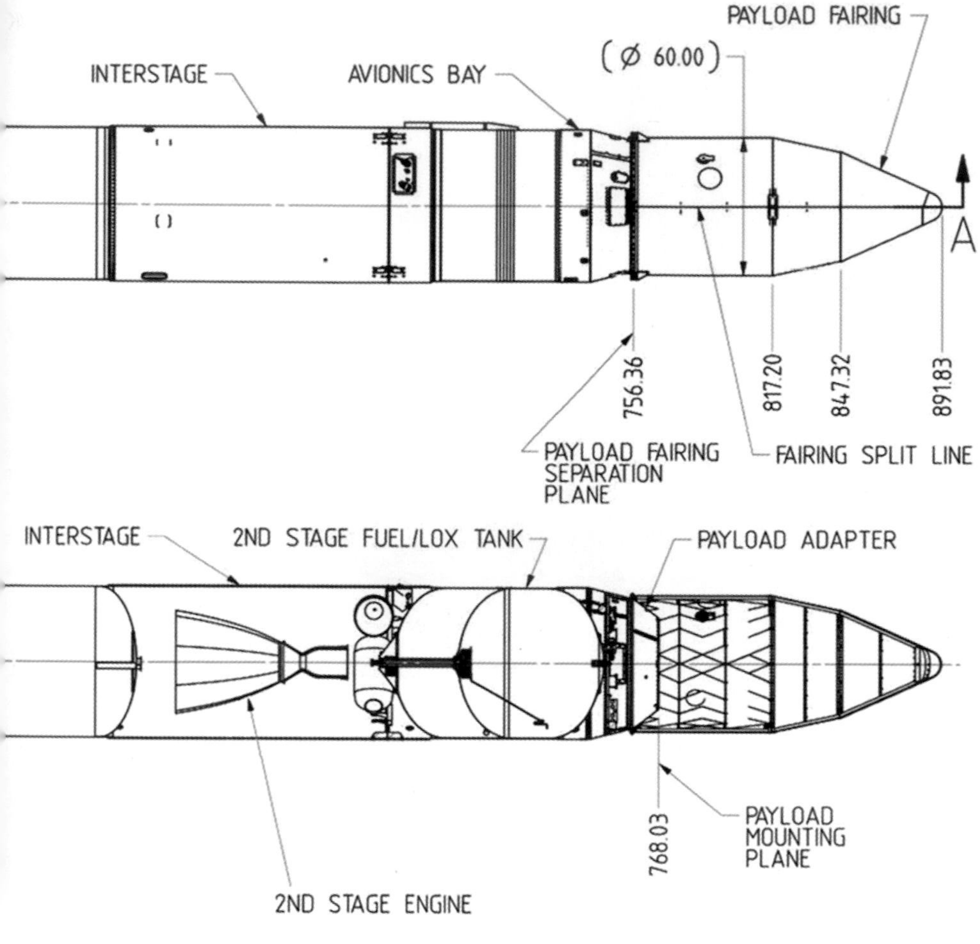
PAYLOAD FAIRING
(Ø 60.00)
INTERSTAGE
AVIONICS BAY
A
756.36
817.20
847.32
891.83
PAYLOAD FAIRING SEPARATION PLANE
FAIRING SPLIT LINE
INTERSTAGE
2ND STAGE FUEL/LOX TANK
PAYLOAD ADAPTER
768.03
PAYLOAD MOUNTING PLANE
2ND STAGE ENGINE

摘自火箭的酬載客戶指南中的獵鷹1號圖解。

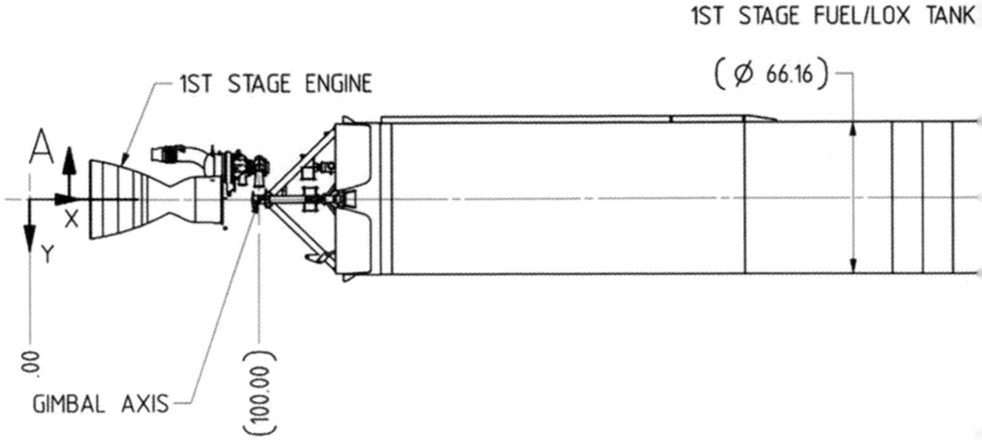

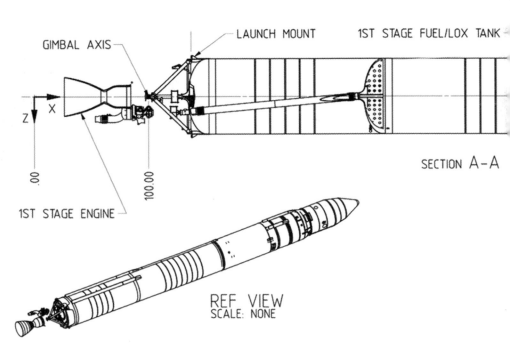

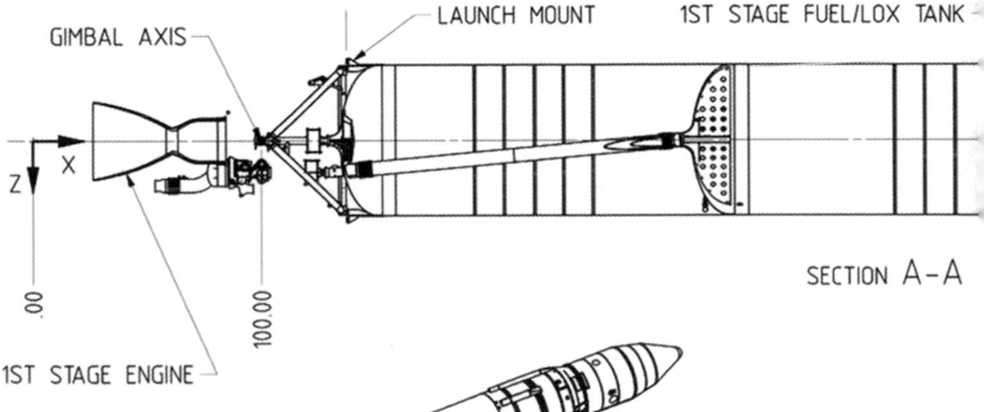

SECTION A-A

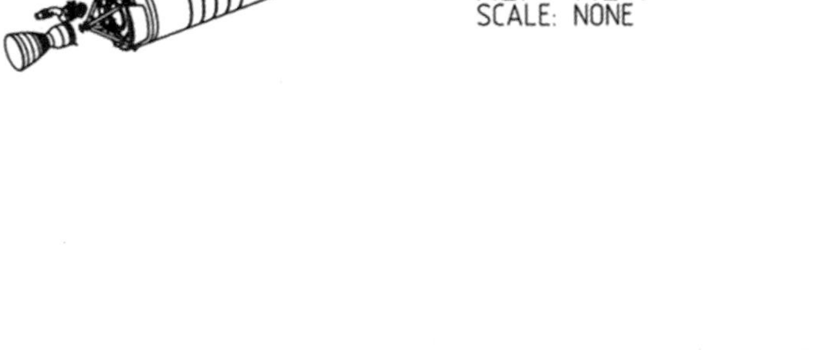

REF VIEW
SCALE: NONE

技師艾德・湯瑪斯與獵鷹1號第二節火箭攝於歐梅雷克島的機庫。（柯尼斯曼提供）

C-17運輸機在第一次發射活動期間緊急運送液態氧之後飛過歐梅雷克島上。（布札提供）

上排中央的馬斯克與第一次發射團隊和空軍官員在發射前合影。（布札提供）

在第一次發射之後收集殘骸。（柯尼斯曼提供）

表情嚴肅的馬斯克觀察第一次發射之後收集到的殘骸。（柯尼斯曼提供）

Kestrel引擎與加大型噴嘴。
（柯尼斯曼提供）

柴克・鄧恩在歐梅雷克島和梅林1C火箭引擎合照。鄧恩以實習生起步加入SpaceX，在梅林研發過程中居功厥偉。
（鄧恩提供）

最右邊的湯姆・穆勒在范登堡慶祝獵鷹1號初次靜態點火。他左邊依序是：安・琴納利、黛安・莫里納、布蘭特・阿爾坦、菲爾・卡索夫和傑瑞米・霍曼。（穆勒提供）

梅林火箭引擎在德州麥格雷戈測試點火。
（布札提供）

獵鷹1號發射，第二次發射。（SpaceX提供）

獵鷹1號，第三次發射。（SpaceX提供）

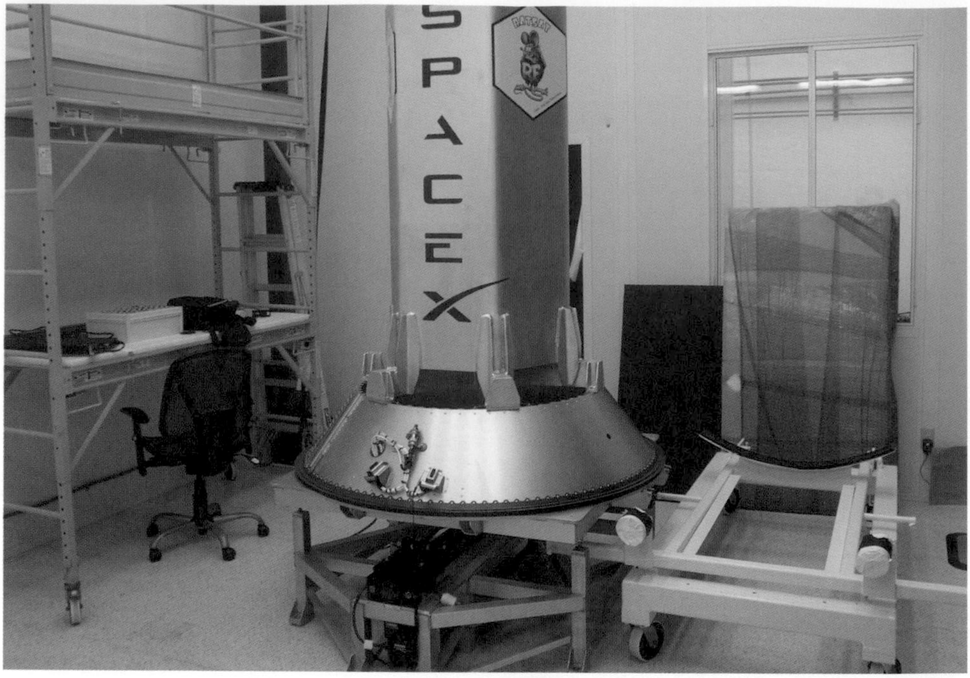

為了第四次發射倉促組合的酬載物，稱作RatSat。（柯尼斯曼提供）

發射團隊成員與RatSat合照。（湯普森提供）

因為沒時間，SpaceX在第四次發射等不及靠駁船把獵鷹1號海運到歐梅雷克要花費的一個月。用飛機運送火箭可不是簡單差事，圖中，獵鷹1號第一節被包裹起來準備送上C-17運輸機。（鄧恩提供）

布萊恩．畢爾德在幫第四次發射運送SpaceX寶貴貨物的C-17飛機旁豎起大拇指。（柯尼斯曼提供）

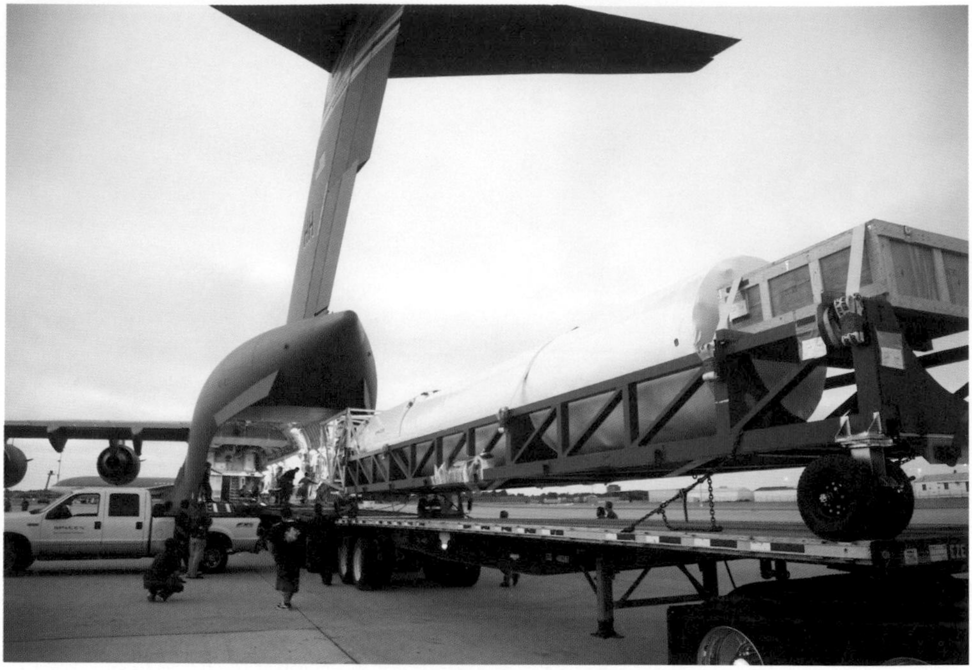

把第一節火箭裝進C-17貨機準備飛越太平洋。（湯普森提供）

湯普森在飛機上：弗洛支援鄧恩在途中獵鷹1號第一節內爆之後拚命搶救。（Ron Gargiulo提供）

關鍵時刻：馬斯克和穆勒從指揮車監看第四次發射。（SpaceX提供）

不是只有努力工作：搭遊隼號離開歐梅雷克，放鬆時刻到了。（柯尼斯曼提供）

鄧恩與在歐梅雷克抓到的鯊魚。
（柯尼斯曼提供）

圖左的蒂娜．徐與弗洛擁抱酬載艙整流罩。
（柯尼斯曼提供）

布蘭特．阿爾坦在製作他的名菜土耳其燉牛肉。食譜請參閱299頁。（阿爾坦提供）

和其他工程師事後清理發射場，清點庫存，他們才知道下一次嘗試需要什麼補給品。整理完歐梅雷克之後，團隊回到加州。他們有個明確可達成的目標：下次發射要進入軌道。他們對此都很有信心。

很快地，大家查明是晃動害了他們。如同某幾次模擬所預言，上節火箭槽裡的液態氧大約在發射後幾分鐘就開始晃動，引發致命的震盪。他們知道問題所在，也仔細討論過，最終是遭忽視的第十一名航電風險問題害死了他們的火箭。

「現在，」馬斯克說，「我會要求前十一名風險清單。永遠要到十一名。」

這是真的。公司現在發射前要製作前十一名風險清單。那是獵鷹1號火箭第二次失敗的遺產之一。另一個是火箭的重量、它能送上軌道的酬載量和失敗風險之間的無窮角力。上軌道只是容易的第一步。飛更遠比較困難。馬斯克希望最終能夠一路到火星。但火箭能夠送上軌道的每一磅物資，只有一小部分能夠送到火星地表。其餘大多數質量被推進劑、結構和其他硬體占據，才能把太空船安全地推到火星。所以從一開始，馬斯克就了解他必須一直在質量、性能、成本和風險之間作痛苦的權衡。

九〇年代初期，為了更有效率也更企業化，NASA採用了「更快，更好，更便宜」的方式進行太空科學任務。但是等到SpaceX成立時，好幾項知名的NASA任務採用這種哲學卻失敗了。有個笑話說對於任何航太計畫，你永遠無法三者兼得，任務絕不可能更快、更好**又**更便宜。

你必須選兩個。但追求高性能、安全與廉價的火箭時，馬斯克沒有選兩項。他三者兼備。他希望SpaceX動作快速，建造更好的火箭，並且便宜賣。

為了建造更好的火箭，SpaceX必須限制它的整體質量。所以馬斯克拚命降低重量。如果他要頒獎給火箭設計，獎會頒給去除設計東西的工程師，減少質量的那些人。工程師們經常想要添加什麼零件以防萬一偶發事件中需要用到。很快火箭就變得塞滿小零件。添加火箭的結構是有代價的，所以他才決定在第二次發射不裝晃動擋板，接受最終致命的風險。

馬斯克也拚命追求效率。質量上，火箭大約有八十五到九十％是推進劑。所以即使製作需要多一丁點推進劑才能產生所需推力的引擎，都可能大幅影響質量。有時候他的團隊會想在設計中放棄一點引擎性能——稱作「比衝量」（specific impulse，簡稱ＩＳＰ）。就像高燃料效率的汽車靠一缸汽油跑得比較遠，較高效率的火箭引擎產生較多推力。對這種建議，馬斯克**很排斥**。

「火箭無可避免地，當你想要進入軌道，一開始狀況看起來很好，」他說，「有很多酬載能力。但接著你這邊失去一點性能，那邊放棄一點比衝量。於是搞成了瘸腳火箭。你每次只砍掉一或二％。必須這麼做。」

馬斯克在獵鷹1號飛行計畫中很早就學到這些教訓。他的第一批火箭一點兒也沒有廣告中載一千磅上軌道的能力。應該說是幾百磅吧。如果你告訴顧客你可以把半噸酬載物送上太空，不是真正做到就是失去合約。

「所以我們對質量很計較，我們拚命爭取每一微秒的ISP，」馬斯克說，現在他對星艦發射系統發動同樣的戰爭，他希望這個系統能滿足他定居火星的目標。這艘充滿企圖心的太空船聽起來像科幻作品。巨大的第一節火箭有二十八組大型猛禽引擎（Raptor engines）。第二節的星艦可能有朝一日載運幾十個人到火星，設計成可重複使用。因為這樣它必須犧牲已經很稀少的質量，攜帶登陸燃料。

「我們對於可重複使用的第二節特別計較質量，以前沒有人成功過，」他說，「僅供參考。並非其他火箭科學家都是大白癡，老是想要丟棄他們的火箭。製造這種玩意他媽的很困難。人類所知最困難的工程難題之一就是製造可重複使用的軌道火箭。沒人成功過。這是有道理的。我們的重力有點重。在火星上這不成問題。月球，輕而易舉。在地球上，媽的很難。只勉強有點可能。使用完全可重複使用的軌道系統困難到接近愚蠢。這會是人類史上最大的突破。所以才困難。我為什麼那麼傷腦筋？就是因為這個。真的，我們只不過是一群猴子罷了。我們是怎麼進化到現在這樣的？我想不通。不久前我們還在樹林裡擺盪，吃著香蕉呢。」

在第二次發射，馬斯克和SpaceX省略晃動擋板是個賭博，結果讓他們損失慘重。但是即使連猴子也能從錯誤中學習。接下來的獵鷹1號火箭發射的日子，SpaceX會在第二節燃料槽裡安裝晃動擋板。接受性能犧牲總比完全無法達到軌道好。

TEXAS

7 德州

二〇〇三年一月－二〇〇八年八月

湯姆．穆勒緊張兮兮地看著獵鷹1號火箭的第二次發射。這位推進系統主管坐在馬斯克旁邊，感到他和老闆曾經堅強的交情在減弱。雖然馬斯克公開為了燃料外洩導致第一具獵鷹1號失敗而責怪霍曼和湯瑪斯，關起門來穆勒並未躲過馬斯克的怒氣。他們這麼密切合作設計與建造梅林火箭引擎之後，兩人之間出現了不自在的裂痕。

「我的引擎著火了，所以我麻煩大了，」穆勒說，「前兩次發射中間的一整年，伊隆和我不太對盤。」

初次發射失敗之後，馬斯克提供短暫的逃避設法提振團隊士氣。他花了超過十萬美元，包下一趟私人的無重力飛行讓員工嘗嘗太空飛行的滋味。很多人來到SpaceX，如果不是夢想直接當上太空人，至少也希望有一天能搭上公司的某具火箭。搭乘七二七客機飛行期間，大約三四十個員工在拋物線飛行中體驗到了幾分鐘的失重狀態，在弧線頂端的客艙裡到處亂飄與在底端以將近二G爬升之間交替。

「好像每個有好成績的人都能去無重力飛行，」穆勒說，「呃，我沒機會去搭那班飛機。」SpaceX的最佳工程師之一穆勒在邀請名單上被遺漏了。

第二次發射之前，穆勒和馬斯克終於討論了那次任務。兩人同意一旦第二節的引擎點燃，火箭就算是成功了。Kestrel引擎簡單又有力，從未發生過任何重大故障。第二節的Kestrel引擎發動時，穆勒從椅子上跳起來歡呼。馬斯克也是，他們一起擁抱喊叫。在短暫的那一刻，一切都被原諒了。即使幾分鐘後第二節失敗，旋轉失控，也無法完全抹滅好心情。這次不是穆勒的錯。重新點燃的信任是好事，因為穆勒和馬斯克眼前有個大任務。在加州，穆勒和推進團隊正在設計一具更先進的梅林引擎，他們很快就會把它送上德州的測試台。這具新引擎會對公司有重大影響。

事實上，它差點毀了SpaceX。

當時很多火箭公司都已經破產。在范登堡空軍基地尋求建造低成本火箭的前輩Amroc在九〇年代爆掉。SpaceX的某些最早最重要的員工，包括柯尼斯曼，來自小宇宙公司斷斷續續的火箭計畫。二〇〇二年底，SpaceX在莫哈維進行第一次瓦斯發電機測試，有家叫做「旋轉火箭」（Rotary Rocket）的商用太空公司剛在一年前燒光了資金。麥格雷戈引擎測試場提供了最具體的失敗痕跡，那裡有巨大三腳架高聳在田野中——荒廢沉寂的景象彷彿是古代文明遺跡。

安迪．畢爾（Andy Beal）和他的德州火箭公司的經驗或許動搖了一些企業家的信心。畢爾的發射創投肯定不缺錢。這位達拉斯銀行家會定期出現在世界最有錢的兩百人行列中。他以兩億美元創立了畢爾航太公司，是馬斯克投入SpaceX的兩倍資金。他也試著做類似的事——研發能服務商業客戶的大型火箭。他甚至有些技術上的成功。到了二〇〇〇年，畢爾研發了大到不可思議的引擎，是自「土星5號」火箭的主引擎以來最強力的，發射了一具原型機維持二十一秒。但是畢爾遭遇了令SpaceX在研發過程中困擾的許多同樣政治與資金問題。畢爾的公司在二〇〇〇年倒閉時，他指出了幾個原因，包括無法確保發射場地和NASA對傳統承包商的偏袒。

「只要NASA和美國政府選擇與補貼發射系統，永遠不會有民營發射產業，」畢爾在二〇〇〇年解散畢爾航太時說，「波音和洛克希德雖然是民營實體，他們的發射系統和元件都是各種軍方計畫的衍生物。」換句話說，NASA不公平地讓競技場不利於新創發射公司。

二〇〇四年NASA補貼奇斯勒公司之後，馬斯克應該也同意這些話。但這位SpaceX創辦人不滿足於發表憤怒的聲明或向既有秩序屈服。馬斯克有自己強烈的是非感，認為NASA或美國政府支付不公平的補貼時就採取法律行動。所以他在二〇〇二年十一月走訪麥格雷戈發射場時，對它的歷史並不覺得太困擾。

SpaceX租下這個四十公頃的場地，工作迅速進展。布札、艾倫和幾個員工開始灌水泥，建造梅林引擎初步測試用的水平支架，整修房舍當作工作空間與測試監看場。SpaceX團隊也開始了解這個地方，這塊德州牧場土地在許多方面仍然一片蠻荒。

最初馬斯克帶他父親艾洛．馬斯克（Errol Musk）來參觀。這對父子向來關係複雜，馬斯克童年過得很辛苦。但他推崇父親教導他工程學的基礎。馬斯克當時沒發現，但他小時候建造電路板和飛機模型時，是在學習重要的終身課程。「我爸是很有天賦的電力與機械工程師，」馬斯克說，「他教導我，而我當年根本沒發現。」二〇〇三年，老馬斯克住在洛杉磯，伊隆認為他或許能在麥格雷戈幫忙做些營建工作。

艾倫帶馬斯克父子參觀時，他們走進一棟稱作儀器區的大樓，在後來的梅林引擎測試支架底下。父子檔進來時艾倫正在整理房間，但他彎腰撿起一張紙之後，有條菱背響尾蛇向他發出嘶嘶聲。他把紙放回去，冷靜地告訴馬斯克父子不要靠近那個區域。他走出儀器區，找到一塊鋼鐵，回到室內打死那條蛇。艾洛・馬斯克顯然很佩服。艾倫聽到他轉身向穆勒說，「你會雇用那個人，對吧？」

另外還有其他的動物。在德州中部，野生黑蟋蟀在秋季產卵，這些卵會在春天孵化。大約三個月後，蟋蟀長到成熟，成蟲有翅膀，每隻都開始瘋狂求偶。這段混亂過程中有個部分，成千上萬隻蟋蟀聚集成聖經規模的大群體，在晚上特別容易被亮光吸引。牠們會像雪堆積在門口和牆上。據艾倫說，殺蟲的最佳方式不是噴殺蟲劑，而是洗碗精或液態洗衣劑。

「洗碗精會窒息它們，」艾倫說，「效果比我們用過的任何殺蟲劑都好。但牠們死後會像死馬一樣臭。」

牠們會堆積成小山。工程師和技師們用掃帚和吹葉機反擊。但每年都很難把蟋蟀群隔絕太久。至少牠們不會咬人。黑寡婦蜘蛛在德州中部很常見，響尾蛇也是。

這一切都無法阻止推進系統團隊專心工作。到了二〇〇三年三月，他們第一次測試點燃了引擎的推力室模組，喝掉了一瓶人頭馬干邑白蘭地。四天後，他們準備第二次簡短試燃推力室模組。這一晚，烏雲低垂，接近午夜時分。測試很成功，團隊兩人一組回到公寓過夜。

隔天早上，那輛白色悍馬車來到測試場，工程師們有訪客。兩輛黑色Suburban休旅車停在大門口，等待場地管理人員出現。推進團隊並不知道，梅林引擎的水平測試架和噴射端幾乎正好指向小布希總統在附近克勞佛的農莊。一些很嚴肅的特勤局探員想知道昨晚發生了什麼事，測試震撼了農莊窗戶，吵醒了所有人。那晚小布希在大衛營準備入侵伊拉克，但他的整個任期內都有特勤局探員駐守農莊。探員們問了很多尖銳問題，很不高興。雖然SpaceX無法改變測試架的方向，公司倒是開始懂得在未來測試前先警告周圍的居民。

穆勒的團隊能夠快速進入梅林引擎測試是因為早期設計決定。從一開始，馬斯克就想要建造可重複使用的火箭。但引擎是個大問題。火箭引擎會很炙熱。在梅林燃燒室裡，燃燒氧氣和煤油的火焰可能高達攝氏三千三百七十一度，並在廢氣從燃燒室流過噴嘴時維持幾乎同樣熱度。位於引擎後端的噴嘴塑造這些超熱廢氣的流動，讓它能膨脹與加速。這些熱度超過了足以融化鋁、鈦、鋼或其他常用在建造引擎的金屬。

避免融化引擎的對策之一是冷卻內部表面和噴嘴。就像冷卻劑流過汽車引擎把熱能帶走，火箭的「再生冷卻」系統讓常溫的推進劑流過引擎壁上的小管道，以吸收熱能。這個冷卻系統聰明地利用機上現有的火箭燃料，但是讓引擎的整體設計更複雜。比較簡單的方法是利用推力室和引擎噴嘴裡的「消融性」（ablative）材料。推進劑燃燒時，消融材料會燒焦，變成碎屑脫落，同時保護底下的燃燒室和噴嘴。

到SpaceX工作之前，穆勒對消融式設計有頗多經驗。他擔心SpaceX無法雇用設計師來幫梅林引擎室與噴嘴規畫複雜的冷卻系統。在他們的某些初期討論中，穆勒說服馬斯克消融式引擎室會比較快讓SpaceX飛上軌道。他告訴馬斯克，消融式設計成本比再生冷卻引擎便宜大約一半。「他說消融式噴嘴會十拿九穩，」馬斯克說，「其實並非如此。那個消融式噴嘴搞死我們了。」

事實上，消融式噴嘴造成了SpaceX早期在麥格雷戈發生了各種問題。消融式纖維用類似玻璃纖維的東西製造，是樹脂混合矽纖維。這種「玻璃布」材料相當脆弱又很難處理，複雜的固化過程中發生小小的瑕疵或輕微裂縫，都會在測試時導致更大的裂縫。穆勒急著在二〇〇三年底作測試，派遣霍曼去消融燃燒室廠商，位於杭亭頓海灘的AAE航太公司，監督他們生產。SpaceX開始測試引擎較長時間燃燒後，他們就跟不上需求量。

燃燒室費用大約三萬美元，收到貨物之後，推進團隊會進行基本壓力測試。一組接一組，消融式塗層會冒泡然後破裂。每組失敗的燃燒室都表示耽誤到德州的測試，因為如果推進團隊點燃梅林引擎超過幾秒鐘，消融燃燒室就必須更換。狀況很危急。照穆勒的說法，「SpaceX的命運簡直掛在這些燃燒室上了。」

後來馬斯克有個點子。或許，如果他們在燃燒室塗上環氧樹脂，黏性膠狀的材料會滲透到裂縫裡，然後癒合，解決問題。那是孤注一擲。穆勒懷疑環氧樹脂能黏在消融性材料上，大概會像油水混合那樣吧。但有時候馬斯克的瘋狂主意真的有效，而且他畢竟是老闆。十二月底，馬斯克把幾組失敗的燃燒室搬到他的私人飛機上運回艾爾塞貢多的SpaceX工廠。他見到那邊的團隊時，穿著要參加聖誕派對的服裝、皮鞋、名牌牛仔褲和高級襯衫。深夜時分，他和推進團隊把環氧樹脂抹在引擎的燃燒室上。他們完工之後，馬斯克和眾人滿身都是黏膩的東西。他毀掉了一雙兩千美元的鞋子又錯過了派對，但似乎不太在意。

如果馬斯克能拯救梅林推進計畫，這會是很值得的犧牲。他相信他或許做了正確的事，直到環氧樹脂塗布的引擎室接受壓力測試的時刻。壓力開始上升之後，沒多久環氧樹脂就脫落。它很快從燃燒室內壁飛掉，露出底下的裂縫。馬斯克錯了。但是整夜和他工作，邋遢又疲憊的工程師和技師們並不怨恨馬斯克讓他們做了沒有成果的任務。反而，他願意跳進來陪他們一起把手弄髒，贏得了作為領導者的敬仰。

沒有捷徑對策。決心做好消融式引擎的推進團隊繼續修改設計，然後在麥格雷戈測試潛在對策。這是漫長、炎熱又骯髒的工作。要花幾個月做出完整重新設計，支撐脆弱消融式結構的壓縮包膜。這組修改版引擎室和噴嘴能夠承受粗暴的燃燒高溫一百六十秒，但是修改讓引擎室和噴嘴變厚了。現在它變重，性能變低，馬斯克討厭這兩點。

引擎的燃燒性能是以稱作特徵速度（characteristic velocity，簡稱C-star）的變數來計測。在德州每次引擎測試之後，穆勒或霍曼必須打給馬斯克告訴他這次測試的C-star數值。數值越高越好。他們以消融式引擎折騰了幾個月之後，終於達到很高大約九十五的C-star數值，但他們只能維持高數值幾秒鐘，然後引擎室會炸掉。為了抵達軌道，梅林引擎必須燃燒好幾分鐘。意思是推進團隊必須調整引擎到較低的C-star數值，一路回到八十七，他們將近一年前的起點。每喪失一丁點就表示火箭的酬載能力又削減一分。

SpaceX在麥格雷戈安裝了Panasonic攝影系統來監看引擎測試，馬斯克經常從加州登入。有時候測試之後，他會先打來問測試數值。這對德州團隊變成在馬斯克來電之前設法算出C-star數值的賽跑。起初，收集資料以便計算的工作落在霍曼頭上。引擎關閉後，他必須帶著測徑器爬進去測量燃燒室和噴嘴之間「喉嚨」的直徑。德州已經夠熱了，為了快點得到數據，霍曼會在完全冷卻之前就爬進引擎。「這是目前工作中最熱最骯髒的部分。」霍曼說。

收集好資料，計算測試結果之後，跟馬斯克通話的工作經常在德州沒人想打或想接。公司的首席工程師對消融式引擎設計感覺越來越幻滅了。

「我有個真的超沉重的燃燒室加上粗到不行的喉嚨，」馬斯克說，「所以很糟糕。又笨重又性能虛弱。諷刺的是，結果事實上比製造可再生燃燒室更貴，真是瘋了。所以這下有個變貴、變重又只能用一次的引擎。消融式設計肯定是個大錯。」

但在某個時間點，他們必須發射。一旦推進團隊解決了消融問題，他們就堅持這個設計，因為公司尋求最快速的發射路線。第一優先就是生產一具適合飛行的引擎——即使原本很爛。除了消融式問題，推進團隊花了二〇〇三大半年和二〇〇四年才搞定引擎的燃料噴射器，精準判斷特定時間內該把多少推進劑送入燃燒室，強化密封，諸如此類。問題似乎從未結束。起初，布札認為搭馬斯克的噴射機往返德州很炫。但日子一久，新鮮感消退，變成一種折磨，尤其對家有幼兒的穆勒和布札來說。

他們過著雙面生活。他們有十天會在麥格雷戈每天工作十二到十四小時，然後飛回加州，通常他們會從週四休到週日下午。然後他們回到馬斯克的飛機上準備回德州。有將近兩年，每隔週的週日晚上，霍曼會開車去布札在海豹灘的家，在前往長灘的私人機場途中接他。布札的幼小女兒布蘭蒂和艾碧很快看出這個模式。當一歲的艾碧看到霍曼走向門口，她會反應說，「傑瑞米壞壞。」那是痛苦的道別。「多年來我的小女兒都不喜歡傑瑞米．霍曼，」布札說，「因為每次她看到傑瑞米，我就會消失十天。」

他設法善用困難的狀況。通常在去德州之前，布札會買兩本童書，一本留在加州家裡，一本帶走。布札在德州通常會很晚回到華戈鎮外的公司宿舍。幸好，德州時區比加州快兩小時，所以他能夠在她們就寢前趕上女兒進度。他會打電話給她們聊幾句，然後要求女兒們找出他買的書。

有時候精疲力盡，他會早上醒來發現書本蓋在他臉上。隔天晚上，他的一個女兒會說，「爹地，你又睡著了。」

即使如此，工作還是可以很令人振奮；他們總是在追逐某個新里程碑。大約兩年之後，在二〇〇五年一月，穆勒的團隊以第一次完整的梅林試燃達成重大突破。當引擎燃燒室裡的消融材料燒焦脫落，引擎維持燃燒。直到燃料槽裡的推進劑耗盡，震撼了穆勒和推進系統團隊藏身觀察的碉堡。SpaceX剛發動了梅林火箭引擎連續一百六十秒，涵蓋了軌道發射所需的全部時間。

不過他們尚未大功告成。雖然梅林引擎通過了最重要的測試，SpaceX仍必須加強獵鷹1號火箭的燃料槽，以確保它們能撐過發射與飛行的加壓。獵鷹1號內部選擇的設計尤其如此。它的燃料槽像兩個頭尾連接的啤酒罐塞在一起，中間只有普通的「圓頂」。大多數火箭的燃料和氧化劑是分成兩個完全隔開的槽。獵鷹1號設計節省了質量但增加了風險，因為只有單一阻隔來分開兩種推進劑。

二〇〇五年一月二十五日晚上在德州，布札批准了這樣的結構測試。工程師們設法判斷火箭的燃料槽在發射時能否承受超出預期的壓力，希望了解他們能把獵鷹1號逼到什麼程度才不會壞掉。他們開始加壓燃料槽，先到一百%的預期發射壓力，然後突然間，僅在一百一十%的壓力下，火箭就裂成兩半。這是大災難，因為這表示他們毀掉了第一次發射要用的第一節火箭。

在艾爾塞貢多，馬斯克和結構副總裁克里斯・湯普森看著德州傳來的測試進行畫面。他們都嚇壞了。「整個該死的火箭破掉了，」湯普森說，「那個圓頂掛在火箭側面，看起來像垂吊的雷達天線碟。我們心想，『該死，發生什麼事了？』」

馬斯克和湯普森當晚就飛去德州作事後檢討。他們覺得問題出在火箭的焊接做得不好。馬斯克和湯普森越看燃料槽越生氣。幾年前，他們拜訪威斯康辛州的Spincraft公司時很佩服，當時馬斯克被假日商務旅館的烤麵包機燙傷了手。但是二〇〇五年初馬斯克和湯普森飛到那家公司的總部時，他們不再佩服了。馬斯克走進Spincraft焊接工廠，看著總經理大衛・史密茲（Dave Schmitz），再看看工廠四周，湯普森記得。然後馬斯克用最大音量發飆起來。

「你們害慘我了，感覺真不爽，」馬斯克怒吼，「我不喜歡被惡搞。」

整座工廠停了下來。「他罵完之後，你可以聽到針落地的聲音。我是說，大家都停止動作，包括我們所有人。」湯普森說。

但是意思表達清楚了。到了那年三月，SpaceX有了新的第一節火箭準備在麥格雷戈測試。兩個月後，獵鷹1號火箭在范登堡通過靜態點火測試。火箭的初次發射安排在二〇〇六年三月。

獵鷹1號初次發射之後短短幾星期，湯姆・穆勒必須打電話給可能來推進部門的暑假實習生。他們那年夏天在麥格雷戈人手不足。有個實習申請人柴克瑞・鄧恩（Zachary Dunn）在史丹佛大學宿舍房間等得不耐煩了。馬斯克的低成本上太空願景令這個英文系學生著迷，搬家越過半個國家來追逐在SpaceX上班的夢想。三月份，鄧恩在宿舍房間看了SpaceX發射火箭的網路直播，點燃了他的熱情。他比以往更想要——必須要——加入奮鬥。如今他焦急踱步，等待機會。

鄧恩擔心也許SpaceX已經不需要他這樣的人了。SpaceX不再只是幾十個員工夢想著造火箭的叛逆新創公司。他們建造了一具，甚至還發射了，雖然沒成功。在鄧恩心中，他錯過了公司最重要的成形年代，以及作出有意義貢獻的最佳機會。

終於，他的電話響了。是穆勒。這位推進系統主管一開始問了幾個關於火箭引擎的技術問題。鄧恩記得不太難，只是想確保他懂火箭基礎知識的問題，例如了解氣體在火箭引擎的極端環境裡會有什麼特性。接著穆勒問鄧恩他是否介意暑假搬到德州。那是很遠的地方；工作會很辛苦，而且天氣熱到滿身大汗。然後，短短幾分鐘後，穆勒謝謝鄧恩撥出時間，說他改天會通知他是否得到了實習機會。

但是鄧恩沒打算就這樣掛電話。或許穆勒打算雇用他，也可能只是禮貌性的打發。無論如何，鄧恩的個性不會輕易放棄。他誠懇地爭取說，「穆勒先生，這是我的夢想。這正是我這輩子想做的事。如果你有任何問題想問我，或我能顯示自己是最佳人選的任何事，請隨時問我。」

說完之後，鄧恩停頓一下期待地等回答。

「OK，」穆勒跟鄧恩說，「你今年暑假就來德州吧。」

鄧恩十年前就開始用火箭在田納西州東部的鄉間起伏丘陵上作實驗。他從模型火箭開始，但是NASA航太工程師荷馬・希坎（Homer Hickam）的經典回憶錄《十月的天空》（*Rocket Boys*）在一九九八年激發了更深的興趣。鄧恩學會了把化學物質硝酸鉀研磨成細粉再和糖混合。加熱之後，糖會融化包住硝酸鉀，提供一種可以裝進管子裡發射的簡單燃料。「我炸掉了一大堆火箭和硬體，」鄧恩回憶說，「失敗遠比成功多。」不過最後，他的某些火箭升空了大約一・六公里高。

然而在上大學前夕，其他影響力也在拉扯鄧恩。他對文學有興趣，從主修電腦工程轉到英文系。兩年後他又突然對火山作用感興趣而轉到地質系。可是或許那邊**太多**科學了，因為一年後鄧恩又跳槽，這次是機械工程。他終於停止轉換。到了大四那年，鄧恩對於太空飛行和火箭的未來想了很多。

如同馬斯克四年前做的，鄧恩在二〇〇五年搜尋過NASA網站上的探索計畫。當時，NASA專注在為了阿波羅式重返月球建造阿波羅式火箭的計畫。鄧恩看得越多，不禁越排斥NASA的計畫，它似乎只是重複過去的成就罷了。「我感覺NASA在做的工作不會讓我們登月，」他說。在閱讀艾茵・蘭德（Ayn Rand，代表作是《亞特拉斯聳聳肩》）小說的階段中，鄧恩懷疑在多年公開掙扎之後，比較靈活專注的各民營公司是否更能做好太空飛行。

就在這個敏感時點，讓鄧恩初次遇到了SpaceX和它的大膽創辦人。二〇〇三年底歷史新聞報導的馬斯克冬天造訪華府——用光鮮亮麗的獵鷹1號火箭模型席捲政府的核心——令鄧恩著迷。這就是未來。他知道自己該做什麼。他要去幫伊隆・馬斯克造火箭來改變世界。

在二〇〇五年初，SpaceX只成立了三年。這家公司已經在準備初次發射了。鄧恩幾乎立刻查看SpaceX網站搜尋實習機會。他記得公司廣告說它只鼓勵「絕對的精英」來申請。他只是個機械工程系學生。全國幾千個人之一。他們會需要他嗎？

網站告知公司尋求的實習生是通常很早就脫穎而出、積極主動的人。例如，網站暗示成功的申請人可能在高中就建造過液態燃料火箭。但鄧恩的硝酸鉀加糖小玩意是相對簡單的固態燃料火箭。「我不認為我準備好了。」鄧恩回憶說。

最後，那年暑假鄧恩從杜克大學畢業後在不同的新創太空公司申請實習，就是藍色起源。雖然貝佐斯的太空公司比SpaceX神祕多了，兩者有相同的基本哲學——大幅削減把人員與貨物送上軌道的成本，打亂航太產業。在跟這家位於西雅圖的小公司一連串電話訪談之後，鄧恩接到電話說他沒有獲選，但他是十個實習名額之一的「第一候補」。藍色起源的人事職員告訴鄧恩，如果那些學生有人退出，公司會打電話通知。

「我在電話中告訴對方，『讓我過去幫你們工作一個月試試，』」鄧恩說，「你們不必付我錢，如果最後我沒有比別的實習生努力，我就回家。沒關係，而且我會很感激這個經驗。但如果我進去以後做得很好，比其他人都努力，那就付我其餘暑假的薪水。」

人事職員拒絕了這個提議。從此藍色起源再也沒人打給他。

考慮未來的職涯時，鄧恩不知道下一步該怎麼做。他猜想，或許他去SpaceX工作的最佳機會是先拿到碩士學位，然後讀火箭科學的博士班，真正成為這個主題的專家。他上史丹佛大學正是為了這個目的。鄧恩和一個研究兼用固態與液態燃料推進元素的混合火箭的學生團體交朋友。鄧恩投入這項計畫，認識了一個名叫艾瑞克．羅莫（Eric Romo），從二〇〇三年一月到二〇〇四年初曾經在SpaceX推進部門工作的商管碩士候選人。鄧恩和羅莫聊天時，發現追求火箭科學博士學位不是正確方法。公司想要做事的人而不是學者。他在追求碩士學位時應該盡量多些實務經驗，盡一切努力在二〇〇六年暑假在SpaceX贏得實習機會。鄧恩和羅莫合作時，這位前SpaceX員工答應幫忙向他的前上司穆勒美言幾句。

二〇〇六年的春季課程一結束，鄧恩就把行李裝進他的豐田Tacoma汽車連續開了二十四小時，從加州到德州。在麥格雷戈，他發現是個安靜，只有一個交叉路口的典型德州小鎮，有很多皮卡車和幾個褪色的店面。當然還有Dairy Queen連鎖速食餐廳。德州的幾乎每個小鎮都有一家。抵達麥格雷戈後，鄧恩經過一個工業園區然後來到通往SpaceX廠區的一條長車道，前往測試架和房舍。在二〇〇六年，還沒有警衛亭或大門來阻擋陌生人進入。從遠處唯一可見的地標是那個三腳架。即使如此，鄧恩還是敬畏地走近。「感覺我好像來到了大聯盟。」他說。

那年暑假，公司的氣氛很開朗。馬斯克希望同年稍後或二〇〇七年初發動第二次獵鷹1號任務，推進系統團隊有很多工作要做。第二節火箭的工程師很快會把Kestrel引擎帶來麥格雷戈，然後第一節火箭預定要通過各項檢查準備密集測試。肯定會是個白天漫長炎熱、晚上失眠的忙碌暑假。

在第二節Kestrel引擎運抵之前，鄧恩有大約一星期來適應這個新環境，還有測試設施。除了德州野生動物，他和同事們還必須克服在德州中部可能很折磨人的夏季高溫。那個區域的平均最高溫在七月底到八月初可以達到華氏九十八度（攝氏三十七度）。但在二〇〇六年夏季，從七月十二日到八月二十七日間，麥格雷戈的溫度計會達到華氏三位數，只有六天例外。

來自艾爾塞貢多，幫忙建造Kestrel引擎的狄恩．小野（Dean Ono）和其他工程師在下次獵鷹發射之前把它帶來測試。開箱之後，工程團隊簡直不眠不休在準備硬體。「那是很嚴肅的時間，」鄧恩回憶說，「是我第一次見識到SpaceX的工作進度表可以多麼緊湊。」

到了二〇〇六年，推進團隊壯大了。在麥格雷戈典型的一天會從早上八點大約二十個工程師和技師開始，可能持續工作超過午夜。引擎一旦送到現場，技師就在小機庫進行一些初步檢查，以確保運輸途中沒有東西損壞。然後他們用一些零件完成引擎建造，加裝儀表，以便他們在測試中取得豐富的資料管道。這些準備工作之後，技師會吊起引擎到測試架上。這個架高平台固定住引擎，提供火箭燃料注入引擎的管線，排掉廢氣，提供各種連接以接收關於引擎性能的資料。

引擎一旦上架，先要通過一連串電力檢查，然後技師確保控制火箭燃料流動的重要閥門開閉正常。也有更多的程序要確認燃料管線或引擎燃燒室沒有洩漏，氮氣會清洗掉引擎的所有氣體，諸如此類。這一切要花上好幾天。

梅林引擎豎立起來，從頭到尾大約三公尺高，頂端會跟火箭的其餘部分互動。工程師和技師們穿著T恤、短褲和網球鞋工作，在測試架上爬來爬去處理引擎——緊張地調整這個，或爬進內部狹窄空間去修理那個。在工作時，現場有經典搖滾樂大聲播放。所謂「熊」電台，附近華戈鎮的KBRQ電台，傳送十萬瓦的林納．史金納、史密斯飛船、滾石樂團等等。對鄧恩來說，雖然天氣熱死人，這些漫長的日子也有崇高的時刻讓他覺得他就活在一年半前在杜克大學預見的夢想裡。在流汗、扭傷和計算的時候，鄧恩真的在幫馬斯克建造火箭。

「每天大約下午一點，德州測試場就會颳大風，」他說，「這時大家都會去外面的測試架工作，感覺很棒。你有個可以爬來爬去的火箭引擎，搖滾樂高聲唱著，在熱死人的上午之後開始感到微風。那算是好日子。」

製作火箭引擎最棘手的部分之一是安全地點火。獵鷹1號火箭燃料的液態氧和煤油需要初始的大能量或火花，才能展開產生大量熱氣推動火箭前進的燃燒過程。火花來自點火器。聽起來違反直覺，但是持續在精準的時機點燃火箭引擎是非常困難的事。多年來這一直是艾爾塞貢多、瓜加林和麥格雷戈的推進團隊最頭痛的事。

為了點燃獵鷹火箭，SpaceX起初使用氫點火器，後來換成稱作TEA-TEB的揮發性化學混合物來點燃梅林引擎。那是三乙基鋁（TEA）和三乙基硼烷（TEB）的混合，基本上是兩種不同的金屬元素各自連接到三個碳氫化合物的原子。這些分子用相當脆弱很容易斷掉的鍵結合在一起。其實，當TEA-TEB接觸到氧氣，馬上就會燃燒，產生綠色火焰。所以為了發動火箭引擎，氧氣被注入燃燒室與TEA-TEB會合。燃燒開始之後，煤油才被注入燃燒室，而TEA-TEB點火器的燃料流動被關閉。隨著氧和煤油的流量增加，引擎的推力也變大。

SpaceX在十年過後，開始嘗試把獵鷹9號第一節火箭降落之後，仍在應付點火問題。這涉及不在發射台，而是在重返大氣層的超音速亂流狂風中重新點燃引擎。學到的教訓包括升空後要有足夠的TEA-TEB來多次重新點燃梅林引擎。最值得一提的是，這個問題在二〇一八年發生在獵鷹重型火箭初次飛行中，多次三引擎重燃之後沒有足夠點火液點燃外側兩具引擎。未能重新點燃進行降落的結果是？中央核心錯過了無人船的目標大約一個美式足球場那麼遠，以時速四百八十公里掉進海裡。無人船受損輕微。但是火箭永遠在海底和魚兒長眠。

在麥格雷戈，點火測試之後，團隊準備好真正點燃火箭引擎了，不過這個流程也附帶了一連串安排好的測試。首先，會有一點火災，接著測試只剩部分動力，然後短路，全動力測試，直到最後的全動力全程測試。對於預定用在第二次發射的梅林引擎，這項全程燃燒測試安排在鄧恩實習的最後幾天，是他在德州中部度過炎熱暑假的完美頂點。

工程師和技師團隊一準備好引擎，就退到五百公尺外的附近野地裡。那裡夠近可以感受到震撼，但如果出錯不會近到有實質危險，他們盯著等待測試開始。

然後，引擎轟然啟動，迷人的火光、煙霧和塵土交織。「它是個怪獸，」鄧恩回憶二〇〇六年的梅林點火，「我被巨大聲響和威力震撼了。感覺吵鬧到不行。太完美了。我完全迷上了。」

那個暑假過得挺精采的。一路上，鄧恩從資深同事的慷慨受益不少。某些「老鳥」比二十四歲的鄧恩大不了多少，但他們有從瓜加林初次發射的經驗。霍曼和另一位推進工程師凱文・米勒（Kevin Miller）詳細向鄧恩解釋梅林的內部運作。在抽菸的空檔，艾迪・湯瑪斯也分享了他的業界祕訣。

SpaceX從混亂的新創公司成熟到可敬的企業時，他們也抱怨時代的改變。那年公司贏得了NASA的兩億七千八百萬美元的合約，找來了新執行長吉姆・梅瑟。除了錢與新的領導人，也帶來新的規則和程序。對於火箭的所有工作都必須記錄，減少倉促作決定。在第一次發射之前的階段比較少這一套，但現在公司進化了。

那年暑假他們工作時，鄧恩和同事們不只談論即將來臨的發射，也談到僅在幾個月前的三月他們第一次發射。老手們傳授他們的知識。鄧恩最喜愛的是故事，在SpaceX只有幾十個員工時期的傳說，當時每個人都互相認識，有週五下午的冰淇淋休息時間。那個時代過去了。他又擔心他錯過了公司的成形年代。

舊歲月結束了。馬斯克和SpaceX都要成長以迎合上軌道的龐大需求。不再只有幾十個員工，而是一百多名。而且隨著SpaceX在二〇〇六年夏季成熟，鄧恩也是。他向來是個聰明又努力工作的孩子。這時他找到了目標，那個目標會榨乾這位年輕工程師的所有心力。到頭來，鄧恩沒有錯過公司歷史上最重要的時期。他來得正是時候。這個田納西來的孩子不只是公司成功的旁觀者，還會成為關鍵人物。

暑假實習結束後，鄧恩回到史丹佛，在二〇〇七年三月從遠端收看第二次發射。當火箭差點抵達軌道，期待著第三次發射成功時，鄧恩則在二〇〇七年七月受雇全職加入SpaceX。他回到德州，在德州的烈日下度過了二〇〇七年的夏末與秋天，SpaceX的工程師們在麥格雷戈測試新型可再生冷卻的梅林火箭引擎。這具引擎的名稱是梅林1C。前兩次發射用的原版引擎是梅林1A。曾經有個梅林1B，這個消融式設計的梅林引擎增加約十%推力。但是穆勒研究出進度意外順利的可再生版本後，取消了這項計畫。馬斯克是對的。他們一開始就該採用可再生式設計。

梅林1C引擎在德州的測試架上表現得非常優越，連續燃燒了好幾分鐘。他們再也不需要在單次長時間燃燒測試之後丟棄舊燃燒室了。再生式冷卻的引擎可以重複使用。於是他們繼續工作到那年冬天，讓新引擎按部就班步入正軌。工程師們以相當於十幾次發射程度測試燃燒實際發射用引擎之後，SpaceX宣布新的梅林1C準備好在二〇〇八年二月升空了。不久，它就會出場用在第三次發射。

這次，工程師們很有信心他們會抵達軌道。柴克・鄧恩打算跟他們一起去瓜加林，盡他的職責確保成功。

FLIGHT THREE

8 第三次發射

二〇〇八年五月—二〇〇八年八月

柴克・鄧恩渴望繼續前進。到了二〇〇八年春末，從SpaceX的第二次發射功敗垂成經過了一年多。公司面臨越來越大的財務壓力要讓第三具火箭出廠，送上發射台，進入低地球軌道。沒人比鄧恩更渴望那一刻了。自從乞求湯姆・穆勒給他實習機會，鄧恩迎向放在他面前的每個技術挑戰。所以雖然他只全職進入SpaceX幾個月，穆勒就託付鄧恩負責第三次發射火箭的推進系統。

第一節火箭在五月運抵瓜加林。鄧恩和其他十幾個工程師、技師在陣亡將士紀念日的週末飛抵，準備在六月進行靜態點火測試。那次靜態點火大致順利，但隨著第二節火箭的零件在六月運抵歐梅雷克，引擎的「裙子」出現一個問題。由穆勒設計，前TRW工程師狄恩・小野管理的Kestrel引擎，在太空的真空中飛行期間負責推動第二節火箭。它在太空中要把人造衛星推上軌道，在小野的監督下測試從來沒有失敗過。裙子延伸物的直徑只略超過一公尺，在真空中能擴張Kestrel的排氣並增加其效率。

裙子與Kestrel引擎本身是分開運送的，是第三次發射的最終硬體零件之一。所以，SpaceX想趕快把它送到瓜加林。陸軍考慮用空吊運送寶貴資源，所以後勤官創立了一套徵用優先度系統。當SpaceX在二〇〇五年初到瓜加林，提姆．布札和一些其他公司幹部很討好島上的陸軍後勤聯絡官。這個關係讓SpaceX能指定它的大多數飛航硬體代碼為「999」，這通常是保留給重要戰爭物資的。二〇〇五年十二月底急著運送硬體供應第一次發射的嘗試發射時，SpaceX用了這個最高優先貨運代碼填滿了聖誕節前到瓜加林的最後一班陸軍後勤飛機。這影響到聖誕樹、火腿和當地人的禮物運送，直到假期過後。「陸軍的主婦們知道是我們幹的，」布札說，「她們氣炸了，氣到在雜貨店直接揭穿我們。之後我們用那個代碼就收斂一點了。」因此，在二〇〇八年，SpaceX採取不同路線加快把裙子運到瓜加林。

有個員工帶著它搭客機從洛杉磯飛到檀香山，再搭包機飛到瓜加林。裙子抵達時，鄧恩和其他人盡責地從洛杉磯跟去瓜加林去組裝第二節火箭。在歐梅雷克島，他們打開裝裙子的包裹。太陽開始爬上天空，一名檢查員用放大鏡檢查用最硬金屬之一鈮合金製造的裙子，當時SpaceX的行銷資料吹噓如果軌道上的碎片撞到噴嘴「只會讓它凹陷，但對引擎性能沒有明顯影響。」檢查員是名叫唐．甘迺迪（Don Kennedy）的品管經理，發現噴嘴上沒有凹陷，而是主要焊接縫上有條髮絲般的長裂痕。鄧恩只在島上待了十五分鐘。但是發射團隊無法用破裂的Kestrel裙子組裝第二節火箭。他們回到洛杉磯。

「我不記得我對這種事生氣過，」鄧恩說，「我有意識地盡量不要強悍，或逼迫有這種問題的人，因為我總是感覺那是一群兄弟或姊妹。我們同舟共濟。」

他知道，憤怒與挫折感不會有任何幫助。可能在緊急的時刻蒙蔽人的心智，而創造力或快速思考有時候可能激發對策。在歐梅雷克，沒辦法解決裙子裂痕。但幾個月後，這份樂觀將會挽救鄧恩和SpaceX。

事後，工程師們拼湊裙子受損的原因。發射團隊對運送途中的受損機率很敏感，所以他們才派個員工來護送。他們也在包裹上安裝了環境資料紀錄器。這些資料顯示損傷發生在夏威夷的地面上轉機空檔。SpaceX員工搭計程車從檀香山的民航機場到有運輸機等候的希坎空軍基地。有快遞車在兩座機場之間負責搬運裙子。

「那是我們的護送人唯一不在貨物邊的時候，」布札說，「快遞車的司機一定是碰觸到了六十公分大的坑洞之類的，因為我們相信這就是把裙子撞裂的情況。」

這只表示對SpaceX已經關係重大的航程遭受更多耽擱。多虧NASA在二〇〇六年的資助，公司還沒到財務崩潰點。但是要從發射酬載物上太空獲利的公司必須在某個時間點開始安全地發射送上軌道。第二次發射功虧一簣之後，馬斯克宣布獵鷹1號火箭從研發階段進步到運作狀態了。這等於在說獵鷹1號火箭準備好登台演出了。在實驗性的第一次發射，公司把空軍官校學生建造、價值不到十萬美元的一顆小衛星飛上天。第二次發射則發射了一艘近似酬載物但沒有價值的假太空船。至於第三次發射，SpaceX選了三個勉強得罪得起的顧客。

空軍提供了主要酬載物，稱作「開拓者」（Trailblazer）的八十二公斤衛星，測試在軌道上的新能力。NASA有兩顆小衛星，一個CubeSat用來研究太陽風帆的用途，另一個研究太空中的酵母菌生長。最後，SpaceX有真正的第一批商業酬載物，是Celestis公司的「探索者」任務，把人類的骨灰送上太空。這趟航程公司聚集了剩下的出錢客戶和幾位知名人物，包括在原版《星艦奇航記》影集和電影中飾演工程師史考特而聞名的詹姆士・杜翰（James Doohan）。在人生中多年飾演太空飛行先驅之後，史考特死後有機會上天堂了。這些都不是幾百萬美元的衛星，但在單次發射中SpaceX承攬了三個最重要客戶的酬載物——軍用太空、民用太空和商用太空。

照例，馬斯克眼光投向現有任務之外更浩大更亮眼的事情。在二〇〇八年春季與夏季，他談到現有火箭的升級版計畫，命名為「獵鷹1號e」。他也談到更大的火箭。SpaceX工程師在第二次發射到第三次發射之間，撥出時間同時進行獵鷹1號計畫與推動研發有九具梅林引擎的獵鷹九號火箭。公司也開始初步研究結合三具獵鷹九號核心組成的獵鷹重型火箭（Falcon Heavy）。

然而，萬一SpaceX無法用相對簡單的獵鷹1號火箭抵達軌道，這些野心計畫都不會實現。顧客會跑光。其他公司的火箭可能成本高得多，但至少他們的酬載物不會掉到海底去。NASA也會對這家新太空公司失去信心。馬斯克的資金就像他的耐性，是有限度的。

「誇張的是我原本編了嘗試三次的預算，」馬斯克說，「老實說，我認為如果我們無法在三次失敗之內把這玩意送上軌道，我們就活該倒閉。那是我的創業主張。」

到第三次發射的時候，SpaceX員工已經習慣了出差去瓜加林環礁作發射。三年過程中他們學會了如何在熱帶環境生存，甚至享受島嶼生活。不過，這些教訓有部分是血淚換來的。

在瓜加林經驗的初期，布萊恩．畢爾德錯過了回瓜加林的夜間船班。這種事難免。他和其他幾個人就露宿野外，度過了非常愉快的一夜。但是隔天早上，畢爾德沒有衣服可換。所以他從獵鷹1號的歐梅雷克行李包裹抓了件顯眼的T恤。這件真空包裝的白T恤或許有點皺，但至少乾淨，而且能遮蔽陽光。畢爾德每天要塗抹大量防曬乳——所有暴露在熱帶陽光下的皮膚都要抹到。那天過程中，他抹防曬乳時，畢爾德發現T恤的皺摺在島嶼的高溫濕氣之下變平坦了。

到了傍晚，他去洗澡。「我脫掉我的衣服，發現廉價白T恤底下生平最嚴重的曬傷，」他說，「我發生完美曬傷。我想我的人生終點會是因為瓜加林的經歷而罹患皮膚癌。陽光直接穿過那件廉價白T恤。我沒想到要在衣服底下塗防曬乳。有必要嗎？」

高溫和濕氣也以其他方式懲罰歐梅雷克島上的人。畢爾德出身加州，那裡有時候也很熱，但很少這麼潮濕。他以前從未做過這種肢體勞動。出海的陸戰隊或許很熟悉股癬，但畢爾德聽都沒聽過。「我不算是苗條瘦子，如果你的大腿摩擦一陣子，然後流汗，就會導致皮膚炎，」他說，「但是潮濕含鹽的環境只會令它惡化。」

有一天畢爾德掙扎著走動，彎著腿走過島上，他問比較有經驗的克里斯．湯普森對這個痛苦毛病該怎麼辦。或許他需要盤尼西林？當過海軍陸戰隊的湯普森解釋，有一招是把腋下除臭劑抹在雙腿之間。湯普森也提供另一個有用的建議，別穿平口褲，改穿四角內褲。

島上的幾個女性也面臨自己的痛苦。早年，安・琴納利和弗洛・李沒什麼隱私，也沒有自來水。使用島上的沖水馬桶必須先在水箱灌一桶海水，才能夠沖水。洗澡就更加原始。起初，SpaceX員工用垃圾桶裝水來洗手。當她在漫長的一天結束後熱得滿身大汗。弗洛說她會穿上泳裝把雨水倒在頭上洗掉汗水。

二〇〇六年進行第一次發射活動時，這支小團隊從垃圾桶進化到露營淋浴設備。他們用黑色大塑膠袋收集雨水，把袋子放在戶外直升機起降場，在白天加熱。其中一個袋子會被放到架子上，把它掛在一張摺疊金屬椅子上方，這樣就有奢侈的熱水浴。而為了顧及琴納利和弗洛的隱私，還會提供浴簾。

工程師和技師們在白天很努力工作，但太陽快落下時，大家通常會休息一下。他們會游泳；有幾個人甚至去潟湖裸泳，當作逃避炎熱的終極手段。

有時候他們粗魯作樂的行為會出差錯。歐梅雷克小到走幾分鐘路就能橫越，但在後來的發射活動期間有輛破舊的高爾夫球車供員工使用。鄧恩形容它是用鐵絲和口香糖黏在一起的「爛貨」。第二次發射與第三次發射之間的某個時候，車上的煞車壞了，但發射團隊從洛杉磯回來後沒人發現。某個工作天下班後，鄧恩的一些朋友搭船回瓜加林，他決定搞點噱頭送他們。他跳上高爾夫車，停在過夜者的拖車附近，把油門踩到底。鄧恩以為讓車子衝過要離開的朋友，一面按喇叭揮手會很好玩。

他接近碼頭時已經累積了相當的速度，準備向船敬禮時，鄧恩判斷他最好減速。在卡通般荒唐胡鬧的一刻，鄧恩踩煞車到底卻沒有任何阻力。他成功吸引了同伴們的注意，但是原因不對，他開始慘叫，傾斜衝向一處小岩架。鄧恩從那裡看到底下就是潟湖，掉落時可能會翻車。他瞬間決定改衝向一棵棕櫚樹。

「他們看到的不是我揮手按喇叭耍寶，而是我全速衝過去，沒有任何解釋，」鄧恩說到船上那群人，「然後我以極速撞上棕櫚樹。」

衝擊力把鄧恩甩過方向盤震下車，但他逃過了事故。船上員工們轟然爆笑。

有些留下過夜的SpaceX員工會在歐梅雷克周圍的珊瑚礁釣魚，不過他們會把釣到的東西放生。在熱帶珊瑚礁生長的小型有機物會產生雪卡毒素，累積在小型魚類體內，在食物鏈上方的大型魚類更加集中。馬紹爾人已經對毒素有免疫力，但它會造成外地人嚴重食物中毒。SpaceX員工不時會聽說瓜加林的遊客吃珊瑚礁魚之後死亡的報導。

陸地上也有自然界的威脅。可以長到一公尺長的椰子蟹是世界最大的節肢動物，也生活在歐梅雷克島。有時候可以看到牠們爬上樹，用強壯的螯把椰子打落地面。然後螃蟹會回到地面打破椰子。「我們絕不會裸體睡在沙灘上。」結構工程師傑夫．里奇奇（Jeff Richichi）說。

到了第三次發射的時候，歐梅雷克的工程師和技師們持續改善他們的環境，尤其睡在島上的人有更好的伙食。在加寬的廚房，他們會輪流做飯，品質遠超過瓜加林的陸軍販賣部水準。早上，他們吃熱騰騰的炒蛋。到了晚上，他們混在一起。布蘭特．阿爾坦和新來的發射工程師瑞奇．林（Ricky Lim）負責許多烹飪工作，因為他們喜歡。可能一晚是烤牛排，另一晚是紅椒醬蝦子。阿爾坦的專長是他愛做的土耳其燉牛肉，加上義大利麵、大蒜和優格，配上奶油番茄醬汁。這是歐梅雷克島上最受歡迎的菜色。這裡也有其他的慰藉。附冰箱的海灘廂型車可以無限供應冷飲，包括晚上喝的啤酒。

「比起第一次發射，一切都豪華到極點，所以我們在歐梅雷克很開心，」阿爾坦說，「在忙瘋了的白天過後，大家在晚餐時間聚在一起，很享受單純坐下來放鬆。我們老是反覆看那幾部電影，像是《星艦戰將》。最重要的是同志情誼很堅強。」

過夜者也在拖車上加裝了木板平台。他們可以在平台上觀測到世界上最黑暗的夜空。雲層經常會擋住景觀。但晴朗時會有上百萬顆明亮的星星。有時候也有人造的星星。它們看起來就像流星，但不會消失，反而會變亮。因為那是從美國本土射向瓜加林環礁的洲際彈道飛彈。

這是一大反諷：為了飛得更快，迫使SpaceX從范登堡搬到瓜加林，到了這裡，員工們卻看到從范登堡發射的飛彈奇觀。大半個世紀以來，這個小環礁充當研發洲際彈道飛彈，後來則是雷根總統的「戰略防衛倡議」的原爆點。瓜加林島上的陸軍設施仍然有多重功能，但最長久的是充當一座巨大靶場。

當空軍想測試義勇兵三型飛彈的準確度，就會從范登堡發射這種三節式固態燃料火箭飛向瓜加林。以成熟的雷達、攝影機和其他追蹤設備，瓜加林的雷根測試場在它以大約秒速六公里進入大氣層時捕捉到關於飛彈的精確雷達與光學資料。通常，飛彈瞄準的是在環礁西側的伊雷金尼島。這表示它們幾乎通過在群島東側的歐梅雷克正上方。在歐梅雷克過夜的SpaceX員工可以觀賞這些飛彈飛來。靠近瓜加林時，飛彈的第三節會脫落，只留下攜帶模擬彈頭的攜帶艙。

對瓜加林島的某些老鳥來說，看到彈道飛彈襲來重新點燃了冷戰的遙遠記憶。看著那些火箭飛來很漂亮，但也有點嚇人，心知如果上面有真正的彈頭，那就死定了。「這些模擬炸彈會像小螢火蟲似的散開，」琴納利說，「看起來很詭異。讓我想起成長過程中對核武末日的恐懼。」

在加寬拖車上過夜的另一個好處是躲過早上的尖峰時刻，可以多看一會兒星星。搭載波音員工從瓜加林到梅克島，然後在歐梅雷克放下SpaceX員工的大型雙體船很可靠。但是很早出發，早上六點五分離開碼頭。意思是布札的團隊如果想在騎車橫越瓜加林到碼頭去搭船之前吃早餐，就必須早起。

「我從來沒有錯過那班船，」布札說，「但有時候，團隊同伴會。陸軍很準時的，不會繞路。除了有一次，他們折回碼頭來接伊隆。」

如果員工錯過了雙體船，還有其他選項。SpaceX公司決定把發射場遷來瓜加林之後，馬斯克買了一艘叫作「遊隼號」的漁船，運送過整個太平洋供員工使用。員工口中的游隼號在前端有開放式大甲板，駕駛室後面也有休息區。還有兩個人可以站在瞭望塔上尋找魚群。總共可以搭載十五到二十人。

「有些日子航行挺平順的，」鄧恩說，「也有些時候我們要穿過三公尺高的海浪，顛得七葷八素。我回程時喜歡坐在船頭，在天氣不好的日子，讓波浪拍打一番。」

在海洋與內部潟湖交界處，水勢最為猛烈。梅克隘口是梅克島與歐梅雷克島之間通往海洋的一條狹窄水道，有時候產生的海浪高達四、五公尺。瞭望塔上的員工可能只勉強看到來襲海浪的浪尖外面，但在下層甲板的人只能盯著迎面而來的水牆。

遊隼號其實不太適合這種日常重度使用，在有時很惡劣的海象中每天開幾個小時。船老是故障。在第二次發射與三次發射之間某個時候，布札隔著瓜加林的葡萄藤聽說有對曾經駕船環遊世界的夫婦。他問他們是否願意幫SpaceX公司操作與維修遊隼號。他們願意，所以多虧了「老水手」與「太空媽」，SpaceX的船比較可靠了。

當工程師或技師錯過雙體船，SpaceX的船又故障待修，布札就面臨選擇。他該缺少那個員工度過這一天，還是雇直升機接他過來？拼裝式休伊直升機提供環礁區最常見的交通模式之一。布札只需要打給航空公司，看哪個穿涼鞋的飛行員有空。問題是，他開始認得所有飛行員。如果布札留下在瓜加林的兩家酒吧之一喝酒，飛行員們也一定在，而且醉了。他也注意到他們跳島時，飛行員從來不飛離水面很高。某次飛行中，布札問他們為什麼不飛高一點。

「我只飛到我能夠跳機的高度，」飛行員回答。

第三次發射逼近時，SpaceX不再只是一撮幾十個掙扎的員工。它越來越像一家正經的火箭公司。NASA在二〇〇六年八月給的大合約，讓當時在艾爾塞貢多擴張到四棟大樓的SpaceX，能把營運集中到附近的霍桑鎮一座顯眼的白色工廠。它的新地址是火箭路一號。

多年來，波音在這座廣大的工廠組裝七四七客機。但馬斯克在公司早年雇用的加工專家鮑伯·李根第一次看到這棟舊波音建築時並不太滿意。「那棟建築醜斃了，」李根回憶說，「我被推舉出來整理這棟建築。那是我生平最大的惡夢。」

SpaceX在二〇〇七年五月租下這座工廠，馬斯克希望公司在十月底之前搬進去。夏季期間，李根必須清空這棟建築，加裝特製的空調管線，有的沒的。他也必須用額外樓地板和辦公空間配置這棟建築，預備日後擴充成一百萬平方呎的工廠、任務管制室、辦公小隔間和幾十間會議室。

一群承包商趕上似乎不可能的期限之後——到了十月底這棟建築真的準備好讓SpaceX的三百名員工進駐——李根起初感覺被馬斯克提供的獎賞拋棄了。「他給我一萬股獎勵，我很生氣，因為我認為那不算什麼，」雷根笑著說，「當時我不知道股票會漲到兩百一十二美元。我猜他是挺照顧我的。」

馬斯克作為SpaceX領袖的天賦之一，就是找到不同的方法激勵他的員工。史提夫．戴維斯說馬斯克經常會走到他的辦公桌，問關於他控制飛行中火箭的電腦模擬的細節問題。然後他們會打賭火箭和它的航電系統的某件事。幾乎每次都是馬斯克贏。但是二〇〇七年某次系統測試之前，戴維斯說馬斯克提高了賭注。戴維斯賭二十元他能在特定日期完成某方面的測試。相對地，馬斯克賭一台冷凍優格製造機說戴維斯趕不上期限。

「我們一敲定賭注，有機會獲得一台優格機，就表示我一定會做到，」戴維斯說，「如果你現在來霍桑的SpaceX公司，你會看到他兌現了賭注，我們的冷凍優格機就放在餐飲部的中央，仍在供應免費優格。所以沒錯，他很擅長激勵部屬。」

隨著SpaceX成長，有些元老員工另謀高就。菲爾．卡索夫和傑瑞米．霍曼都在二〇〇七年十一月離開公司。卡索夫離職去讀碩士了。同時霍曼已經打算離開公司一陣子了，不只因為第一次發射之後他與馬斯克的爭執。霍曼仍然很珍惜公司的願景，還有與穆勒及整個推進團隊共事。但他和妻子在兩年前結婚，現在他們想要組成家庭。看到在SpaceX上班對穆勒和布札家中幼兒的影響，霍曼感覺他必須換到比較沒那麼辛勞的工作。不過身為穆勒的主要幫手，霍曼仍然在火箭引擎的研發與測試上扮演重要角色，也在歐梅雷克負責組裝火箭。

霍曼不想讓穆勒和團隊失望，在SpaceX尋找他覺得能接續他工作的人。他的人選之一是鄧恩。霍曼在德州二〇〇六年暑假實習期間和這個積極的研究生工作，他相當滿意。一年後，鄧恩受雇成為SpaceX員工，霍曼教他火箭測試與組裝的一些細節。他也培養鄧恩接手他在發射管制室的位置，在事先與飛行中監視第一節火箭的推進系統從火箭傳回的資料。

霍曼離職時，鄧恩只當上員工四個月。同樣地，穆勒讓這二十幾歲的小夥子負責火箭的整個第一節推進系統。鄧恩會在麥格雷戈監督第一節的測試，然後去瓜加林做最終組裝。「我不敢說我取代了霍曼，因為他是傳奇，」鄧恩說，「我只是去盡力做好霍曼的工作。」

責任帶來了更多壓力。兩次失敗之後，SpaceX這次非成功不可。上面不只搭載了三個客戶的東西，還有更多人在旁觀等待才敢下單預約上太空的門票。航太業界可不缺等著看另一家「商用太空」公司失敗的競爭對手，以便大型發射公司不必激烈競爭，繼續收割油水豐厚的政府合約。

「我不懂的事情就是不懂，」鄧恩說到扛起獵鷹1號推進系統的重責大任。「如果今天發生那種事，我會超擔心的。我會非常慎重考慮。但是當時我心想，『我們就來試試看吧。』我只是想盡力而為。我的方法就是拚了命工作。」

他就這麼做了。通往發射的第一步要完成引擎建造。只有幾個技師和工程師做這項工作，從螺絲、密封、O型環和電晶體開始，一路直到完成組裝。必須在工廠裡跑來跑去找零件，不厭其煩地遵照指示。那個時代組裝一具梅林引擎要花大約一個月，這段期間經常需要徹夜工作。

「這裡面也有一些爭強好勝、男子氣概的文化啦，」鄧恩說，「表現出我也可以他媽的像別人一樣努力工作。而且我不會是那個最先回家的人。」

二〇〇八年八月三日，鄧恩在瓜加林的SpaceX小管制室裡坐定。當獵鷹1號火箭倒數發射，他看著監控梅林1C引擎與第一節燃料槽狀況的螢幕。資料快速捲過，顯示各種壓力、溫度和其他變數。雖然昨晚因為期待而失眠，即將發射的展望讓鄧恩整個上午維持在超靈敏狀態。他只在幾個月前初次來到瓜加林，立刻愛上這個地方。雖然瓜加林又熱又潮濕，也比不過德州夏天的高溫。而且在歐梅雷克戶外過夜讓他想起在田納西老家露營。

大約十幾個工程師擠滿了小管制室。鄧恩坐在他的儀表板前，霍曼在他背後盯著。霍曼的新雇主是位於波士頓的航太公司，同意出借他回SpaceX參加這次發射。但是霍曼不必介入，因為鄧恩的新工作學得很好，密切遵照他的手寫筆記和檢查表。他像前任的霍曼，目光鎖定在呈現出關於獵鷹1號火箭推進系統狀況資訊的資料串流上。

而在霍桑總部，信心高漲。喜慶氣氛籠罩著員工和家屬們，因為他們也聚集起來收看投射在新工廠一樓前方附近大螢幕上的網路轉播。在後方，李根即興做了個冰雕。他買了一塊一公尺長的冰塊，雕上「SpaceX」字樣，沿著中央挖出一道溝。「我和蕭特威爾一起喝了一杯龍舌蘭。」李根說。

有成功的味道。每個人都期待著抵達軌道，然後當晚成為狂歡派對。

倒數進行不太順利。布札和手下團隊直到發射窗口在當地時間上午十一點打開時仍然有問題。把氦氣注入火箭的程序進度比預期緩慢。這點後來造成已經注入的煤油燃料變得太冷，有點像第二次發射的經驗。燃料槽必須清空，整個程序重新開始。

發射窗口在下午三點半關閉。因為這樣能讓SpaceX團隊萬一失敗，還有足夠時間清空燃料並在白晝固定好火箭。與陸軍的租借協議有規定，SpaceX也作了分析來證明在安排的窗口發射不會與軌道上的任何已知物體相撞。在這個窗口之外，雖然機率很小，獵鷹1號仍有可能會撞到已經在太空中的東西。

在窗口快結束時一切似乎就緒可以發射，這時大自然插手了。下午三點二十分，倒數的最終階段，有雷暴雨移動到歐梅雷克上空。火箭無法安全發射進暴風雨中，但發射場的氣象預報預測這個雨系會快速通過。布札知道除了天氣一切都準備好了，跟發射場指揮官設法協商了延長十分鐘的發射窗口。不久，暴風雨真的過去。下午三點三十四分，布札最終下令發射，獵鷹1號升空。白色火箭飛上此刻已經晴朗的天空，自信地高飛迎向似乎是幸福的命運。

這一刻讓鄧恩陷入類似靈魂出竅的體驗。他坐在儀表板前，在獵鷹1號上升時渾然遺忘了時間。在兩分四十秒過程中，梅林表現優異讓第一節爬升進入太空。對鄧恩來說，一切過程感覺似乎不到一分鐘，只是一瞬間。結束時，他的第一節推進系統完成了它的職責。接著會由第二節接手。

然後現實讓鄧恩從耽溺中驚醒。

「發生異常時，我低著頭，」鄧恩說，「看著資料。我聽到驚叫聲。我抬頭一看正好發現情況不對勁。花了一會兒才理解。太令人失望了。我周圍的團隊都很難過。」其實，他有些同事還哭了。

驚叫聲來自飛航管制室裡看著影像螢幕的人。裝在第二節的一台攝影機往下拍攝，說明了事發經過的逆耳故事。

梅林引擎完成燃燒時，火箭已上升到藍色太平洋和白色雲層上方。引擎關閉後，耗盡的第一節火箭脫離開始往地球墜落。但是這時，第一節還來不及掉落幾公尺，它又往上跳，撞進第二節火箭底部，讓觀者大驚。宛如讓火箭科學家冒冷汗驚醒的那種惡夢情節，這個撞擊讓第二節歪斜失控。

攝影機閃爍關閉後，很明顯任務完蛋了。獵鷹1號火箭的第一節和第二節都掉回地面。《星艦奇航記》的蒙哥馬利．史考特名副其實第一次突破了終極邊疆；不在生前而是死後，不是永恆而是暫時。隨著這次失敗，SpaceX的追星之旅似乎也可能結束。

在加州的SpaceX總部，喜慶心情迅速轉為一片死寂。發射期間，穆勒照例坐在馬斯克旁邊，在機動指揮車裡收看瓜加林傳來的影像。穆勒很高興他的梅林引擎運作良好。但不像上次發射，強大的Kestrel引擎沒有機會點燃，把它的酬載物推向軌道。這樣感覺很糟。火箭撐過了最困難的第一節部分，卻又再度失足。在穆勒看來，根據轉播影片，機體分離系統想必是故障了，造成撞擊。在當下的激動中，他向湯普森表達了這個意見。

這位結構工程師負責火箭的這個部分，反應是抗拒這些指責，認為穆勒的結論言之過早。

「這是鬼扯，」湯普森回答，「你得看過資料才能作指控。」

史提夫．戴維斯已經看過了資料，徹夜工作之後，他最先想通了發生什麼事。當他一格一格檢視影片，戴維斯看到驅動器正常。他證實第一和第二節曾經完全脫離。他在另一個儀表板收集飛航電腦傳回的資料列印稿。他發現一個可疑的資料，分離後第一節火箭有個速度與方向改變的非零加速（non-zero acceleration）。他發現這點洗刷了湯普森的責任。戴維斯改推論問題必定是穆勒的新型再生冷卻引擎所引起。

梅林1C引擎不像舊的消融式設計，是讓周圍溫度的煤油燃料流過燃燒室與噴嘴裡的管道。推進團隊沒有妥善算好第一節燃燒全部這些燃料何時結束。當飛航電腦命令主引擎關閉，軟體延遲短暫的一瞬間才指示第一節從第二節脫離。但是火箭引擎一旦點火，就會燒盡現有的任何燃料。冷卻管線裡的某些殘餘燃料結合燃燒室裡的少量氧氣，產生了很微弱但是災難性的推力。

「那次幾乎跟第一次發射同樣傷心，因為很容易預防。」穆勒說。

穆勒和推進團隊應該抓出這個問題嗎？或許吧，但冷卻管線裡的殘餘燃料其實只產生微量推力，而且或許只持續一秒鐘。在全速狀態，梅林燃燒室裡的壓力高達大約每平方吋一千四百磅

（相當於六百三十五公斤）。相較之下，第三次發射的主引擎關閉後產生的短暫推力只暫時造成每平方吋十磅（約四．五公斤）壓力。這比海平面的大氣壓力還小。所以在德州的多次引擎測試中，SpaceX沒發現這個短暫推力。

「你在測試架上根本無法看得出來，因為周圍的氣壓大約是十五磅（約六．八公斤），火箭燃燒室壓力掉到大約十磅，」馬斯克解釋，「後來，在我們檢討時，如果你超仔細觀察就會看到一絲很微小的推力。但是火箭引擎在十五磅的周圍氣壓中產生十磅壓力，基本上不會引人注意。資料上也看不出來。」

在太空的真空中，火箭硬體這麼接近，即使微小的推力都足以造成兩節火箭之間的災難性撞擊。解決對策是修改飛航軟體中的一個數字。對於第四次發射，SpaceX只需要在主引擎熄火和兩節分離之間加入四秒鐘空檔。但這是假設還有第四次發射的話。

失敗的立即善後工作中，回到瓜加林之後沒人敢假設還有下次。管制室裡有位工程師陪著鄧恩、布蘭特．阿爾坦騎車回到梅西旅館，腦筋像他的車輪一樣飛轉。他和老婆從灣區搬到洛杉磯犧牲了這麼多就為了這樣嗎？還會有下次嗎？伊隆還有剩餘資金嗎？幾天後SpaceX會不會倒閉？

那晚阿爾坦和島上其餘SpaceX員工喝得大醉，幹掉好幾罐Coors和Bud Light啤酒。他們哀悼已發生的事。前兩次航程感覺像有進步，從起步失敗到抵達軌道前功虧一簣。第三次失敗感覺像倒退。如果公司沒有進步，那會怎樣呢？

「發射前我的想法跟大家一樣，『就是這次了，老兄。我們第二次發射大有進步。我們做得到，』」弗洛·李說，「我會說，那次對我們所有人是最令人傷心的發射。我認為我在那次之後感覺最傷心，因為我們在第二次發射只差一點了。我想我們真的認為第三次發射是十拿九穩，然後卻以發生過的方式失敗，真是難以接受。」

在每次發射活動，發射團隊都買單程機票去瓜加林。因為無可避免的進度表耽誤和失手，SpaceX員工永遠無法確定他們何時能飛回加州。只有火箭發射後他們才會買回程票。第三次發射之後，隨著發射團隊借酒澆愁，幽默感逐漸變質。工程師和技師們開玩笑說，這次他們可能必須自費買回去洛杉磯的機票。

「第三次發射是一大打擊，」琴納利說，「早期，伊隆說過他會負擔前三次發射。他希望盡最大努力做到。但他會留在業界多久呢？失敗三次可是很多。」

「在航太業界很少人能撐過三次失敗。」

EIGHT WEEKS

9 八星期

二〇〇八年八月－二〇〇八年九月

漢斯・柯尼斯曼心情很惡劣。獵鷹1號火箭兩節相撞之後那晚，柯尼斯曼花了很多時間回想這場災難。再一次，他得考慮他的角色。身為發射的總工程師，他對於在梅林引擎關閉和兩節分離之間未能留出足夠時間負有一些責任。他跟其他人一樣，忽略了殘餘推力的威脅。

當然，那是運氣不好。但SpaceX多年來經歷了很多霉運，把霉運當藉口也是有限度的。或許他們就是沒那麼厲害。公司的慘澹紀錄肯定無法否認。SpaceX發射了三次，這三次任務柯尼斯曼都扮演重要角色。他們三次都揮棒落空。馬斯克守住了他的條件，實現承諾提供種子資金，支撐公司嘗試發射三次。現在，一次又一次失敗，柯尼斯曼擔心馬斯克可能把他殘餘的資源與時間投入特斯拉或別的創業。他實在無法責怪這位老闆。

第三次失敗隔天，馬斯克召開獵鷹1號員工會議。幾十名員工擠進位於新工廠大門左邊的馮布朗會議室。他們坐在梯形房間的桌邊或靠牆站著。馬斯克在前方就座，背對玻璃牆，努力尋找當下適當的措辭。柯尼斯曼、布札和發射團隊在瓜加林的管制中心裡聽轉播。戴維斯先開口，向眾人說明他對第三次發射失敗的初步發現。戴維斯說，應該很容易修正。然後馬斯克說話。沒人知道老闆要說什麼。

馬斯克感覺像其他員工一樣沮喪。甚至更糟糕。他在SpaceX下了重注，無論時間、金錢或情感方面，卻沒什麼回報。現在，他的荷包快要空了。他把一切都投資在SpaceX和特斯拉。除了錢，他的私生活也在崩潰。他和第一任老婆潔絲汀那年夏天離婚了。他們從二○○○年就在一起，潔絲汀生了六個小孩。他們的長子內華達才十週大就死於嬰兒猝死症候群。夫妻倆都悲慟萬分。潔絲汀也從SpaceX剛創立就陪著馬斯克，和這位網路富豪在工業區一起認識邋遢又蓬頭垢面的湯姆．穆勒。六年後一切都走樣了。他想要改變世界，而世界卻抗拒他。

「當時我必須撥出很多資金給特斯拉和SolarCity（太陽能發電公司），所以我沒錢了，」馬斯克說，「我們已經失敗三次了。所以很難出去募資。經濟衰退開始發威。那年夏天，我們努力募集特斯拉第一輪融資，但是失敗。我離婚了。我連房子都沒有。我前妻拿走了房子。所以那個夏天爛透了。」

馬斯克真的把他的淨資產都投入火箭和電動車事業，在二○○八年八月，他幾乎沒有東西可以展示。他的火箭公司發生了一連串失敗。特斯拉同樣現金拮据，才剛開始賣第一批產品Roadster，距離股票上市還有兩年。

當馬斯克在八月初環顧會議室，看到了救贖的機會。他有個好團隊。他親自雇用了這些人，判斷他們很聰明、創新又願意全力奉獻。他很用力鞭策他們，非常用力。他們犯了錯。但他們很努力，連靈魂都注入了SpaceX。所以在這黑暗的時刻，馬斯克選擇不玩指責遊戲。當然，他可以丟出誠實到殘酷的回應，毫無顧慮地傷害眾人情感。但他召集團隊作了一場啟發性演講。第三次發射雖然失敗了，他希望給員工們一個最後機會。在會議室外，工廠裡，他們還有零件可以湊出最後一具獵鷹1號火箭。他說，建造它吧，然後發射。

他們缺少的是充足時間。

「他出乎我預料，」柯尼斯曼說，「他召集現場所有人，說我們還有另一具火箭，大家振作一點，回去島上六個星期之後發射。」

馬斯克的員工會議之後，員工發現他們的成敗在此一役了。如果最後的火箭安全地發射進入軌道，公司就有機會存活。成功可以讓馬斯克向公司越來越多的懷疑者交代。蕭特威爾也不必再向潛在客戶拚命合理化失敗，或許開始簽新合約。但如果這具火箭墜毀，呃，大家應該都知道是什麼意思。

接下來的時期將是公司歷史上最難忘又可能最重要的時期，強化它的DNA並且設定舞台，讓SpaceX成為世界上最有變革力的航太公司。

獵鷹1號火箭的第四次發射原本保留給促使SpaceX尋求赤道發射場的馬來西亞衛星。因為馬來西亞政府不希望讓衛星冒險搭上未經驗證的火箭，馬斯克決定發射當時還散落在霍桑總部，剩下的獵鷹1號，當作任務展示。

克里斯・湯普森和結構團隊要負責拼湊出某種酬載物。如同第三次發射匆忙的一切善後工作，他們必須加緊腳步。湯普森和主導結構的傑夫・里奇奇和幫SpaceX帶領動力模組的雷・阿瑪多（Ray Amador）合作，設計個接近衛星的東西。不到一星期這三人組就把鋁塊變成一台一百六十五公斤的模擬器，複製商用衛星的質量和形狀。至於名字，他們把自己姓氏的首個字母串在一起，稱作R-A-T-Sat。

RatSat送往瓜加林之前需要一個商標。湯普森向來喜歡開快車，他記得小時候參觀車展看到很多T恤印著凸眼睛老鼠駕駛的卡通式跑車。這些「討厭鬼老鼠」（Rat Fink）設計是加州藝術家「老爹」艾德・羅斯（Ed Roth）的作品，此人在SpaceX創立前一年過世。湯普森把討厭鬼老鼠的圖樣傳給一位SpaceX的商標設計師，他做了個風格類似的設計，一隻表情很賤的綠色老鼠身穿印著RF字樣的T恤。他們在六面體衛星的其中三面貼上了這個商標。

在湯普森準備任務的假酬載物時，其餘的獵鷹1號團隊開始盡快組裝，然後從霍桑運送第一節與第二節火箭去歐梅雷克島。先前，公司用海運運送巨大的第一節。雖然第二節可以塞進麥克唐納道格拉斯的DC-8商用貨機裡，第一節太大了。要用卡車把獵鷹1號火箭的第一節拖到長灘港，在港口裝到貨櫃輪上。在二十八天的行程中，貨輪會在夏威夷和關島的港口卸下其他貨櫃，最後才停泊在瓜加林。另一艘船會從這裡把火箭運到歐梅雷克。

但是SpaceX沒有一個月可以等待繞路與接駁。公司必須用大型飛機運送火箭。製作獵鷹1

號的飛行終結系統期間，跟美國軍方培養出良好關係的布萊恩・畢爾德埋頭搜索名片架，設法安排這趟貨運。聯絡在空軍、DARPA和其他軍方單位的熟人之後，畢爾德接到了回電。空軍有一架C-17運輸機可以用。「有人幫了我們大忙。」他說。

空軍通知SpaceX他們會在九月三日把C-17停到洛杉磯國際機場。第三次發射之後的一個月裡，公司的工程師和技師瘋狂趕工把第一節組裝完成。鄧恩記得他和好友麥克・席漢（Mike Sheehan）整個八月經常睡在辦公桌上，或加班到午夜過後。「那個月我們倆隨時總有一人在組裝火箭，大多數時間我們一起做，」鄧恩說，「那段日子一直很辛苦，但這樣設定了高標準。」

鄧恩、席漢和其餘獵鷹1號團隊成功在空軍貨機抵達前組裝好了火箭。這是他們迫切等待的事。公司的新總部沿著一〇五號州際公路，距離機場只有大約八公里，與那架C-17的航線接近。巨大的工廠，有地下通道和舊高架走道，大半還沒蓋好，通往屋頂的門開著。鄧恩和其他辛苦一個月的幾個人會爬到屋頂上觀察那架C-17經過，這在廣大的洛杉磯可是奇觀。

當時C-17服役活躍已經大約十年了，在美軍的科索沃戰役期間擔任空運樞紐角色，作為北約組織的盟軍行動的一部分，後來又參與伊拉克自由行動。這型寬廣飛機的貨艙有二十七公尺長、六公尺寬，可以容納四輛大型黃色校車巴士。美國總統出國訪問時，C-17會跟在空軍一號後面載運總統禮車和陸戰隊一號直升機。這種飛機運量有七十六・五公噸，可以輕易容納獵鷹1號火箭的第一節。滿載燃料的獵鷹1號質量大約二十七公噸，但是空機時只有大約兩噸重。

看到前往瓜加林的交通工具，強化了發射團隊的期待感。他們把獵鷹1號火箭運到洛杉磯機場，在機場後方靠近海岸處會見空軍人員。「空軍的人是緊急調派來的，」畢爾德說到飛行組員，「他們都在搖頭，說從來沒發生過這種事。我不知道是誰批准這趟的，但他們或許拯救了SpaceX。」公司必須為這個特權支付大約五十萬美元，但是獵鷹1號有飛機可搭了。

白色火箭加上顯眼的軍用運輸機在洛杉磯機場蔚為奇觀。客機群經過附近跑道時，布蘭特・阿爾坦也在幫忙把火箭推上運輸機的行列。「我清楚地記得有架維珍澳洲航空的飛機經過，」他說，「是那種大型的七七七，每個小窗孔都有一張臉在看我們這邊。他們可能以為第三次世界大戰爆發了，因為有三個小孩在國際機場的中央看著火箭裝進C-17裡。」

SpaceX團隊不只把火箭推上飛機揮手道別。為了節省時間和商用客機成本，大約二十個員工搭機隨行，坐在機內牆邊的機組員座位。空軍固定好酬載物之後，C-17起飛離開洛杉磯，開始往三萬呎以上的巡航高度爬升。機內的貨艙有股類似派對的氣氛。穿牛仔褲和夾克的SpaceX員工放鬆下來享受這一刻。推進系統技師史提夫・卡麥隆（Steve Cameron）彈起了一把古典吉他。他們正在享受此刻的人生。

那趟沒有公司副總裁同行，所以業務經理琴納利負責看顧獵鷹1號第一節直到抵達瓜加林。在空中一陣子之後，飛行員開始邀工程師和技師們每次一兩個人爬上通往飛行甲板的梯子，欣賞太平洋上空的開闊景觀。不久，夏威夷群島出現在遠方海平線上。準備下降進入檀香山郊外的希坎空軍基地時，SpaceX員工回到座位繫好安全帶。他們仰躺把腳放在固定獵鷹1號火箭的藍色支架上。在至福的一刻，他們似乎真的可能做到這件瘋狂的事。

然後他們聽到一個響亮可怕的爆破聲。

大約從洛杉磯到檀香山的半途，輪到阿爾坦去駕駛艙參觀。阿爾坦是很健談的人，飛行員聽說他的專長是航電系統之後，很樂意向阿爾坦展示機上的所有顯示幕和控制面板。他在裡面待了很久，C-17接近夏威夷的空軍基地時，阿爾坦坐到駕駛艙裡觀察員的座位。當他聽到第一個響亮爆聲，阿爾坦以為可能來自飛機。但幾秒鐘後又傳出爆破聲，飛行員們開始慌亂地透過耳機跟樓下的裝運長交談。

「我聽到關於皺紋什麼的，還有火箭，我發現問題不是飛機而是火箭，」阿爾坦說，「這時候我才衝下樓。」

在下方的主貨艙裡一陣喧鬧。抵達地板時，阿爾坦看到的第一個人是他好友兼JLG公司同事弗洛・李。她在哭。她一看到阿爾坦，指著平躺在貨艙裡的第一節火箭。阿爾坦轉向火箭，目光掃過現場。一排面無血色的SpaceX工程師看著他們拯救公司的最後機會內爆。火箭的結構崩潰了，響亮的金屬聲一個接一個，彷彿某個巨人正在慢慢擠捏啤酒罐。

起初，工程師們擔心的不是SpaceX的命運，而是自身安危。「我的第一個念頭是這玩意要內爆和反彈了，」琴納利說，「它會殺光我們這些坐在火箭旁邊機組員座位上的所有人。所以我跳起來，叫大家移動到火箭前端。」

發射團隊匆忙跑到貨艙前端時，琴納利、阿爾坦、弗洛和其他幾個人湊在一起評估問題。他們很快發現火箭內爆是因為壓力落差。獵鷹1號火箭是設計來在海平面用卡車或駁船搬運的。第一節火箭有各種呼吸器、排氣管和連接口，但是大多數在飛往瓜加林的飛機上是關閉的。在這個運輸模式，巨大的液態氧燃料槽只有一個小開口，〇．六公分粗的燃料管線通過乾燥劑，以免濕氣進入火箭。起飛之後，C-17爬升時，貨艙裡的環境壓力降低。這對獵鷹1號不成問題，因為它的設計會對應環境加壓，就像在發射時。在飛行的幾小時期間，燃料槽的內部緩緩適應巡航高度的壓力。但是飛機開始往檀香山下降時，沒有時間適應壓力。對液態氧槽來說，就像透過一根吸管呼吸。

SpaceX有準備這種事。湯普森計算過，鄧恩也是，以便判斷第一節火箭在C-17飛行期間需要多少通風區來維持內部穩定壓力。問題是空軍提供的手冊資訊過時了，這趟C-17包機飛行的下降與降壓速率比手冊提供的數字大得多。當C-17喪失高度，液態氧槽窒息了。

在火箭前端的短暫會議中，琴納利和其餘工程師很快發現該做什麼來阻止火箭進一步內爆。不是機內的壓力必須趕快降低，就是周圍的空氣必須灌進火箭裡。最好是兩者兼具。短暫商議後，阿爾坦爬回駕駛艙去。

「欸，火箭起皺了，我們必須爬升回去。」他向飛行員大聲說。

這時飛行員必須作決定。他們必須擔心兩億美元的飛機和二十幾條人命。他們認為單純打開巨大的後艙門，把不穩定的火箭丟進底下的海裡會比較安全。其實，如果機上沒有SpaceX的員工，他們就會這麼做。但是他們改遵照阿爾坦的指示。其中一人回答「OK，老闆。」C-17立刻開始爬升。

一名飛行員告訴阿爾坦，「對了，我們只剩三十分鐘的燃料。」在他們準備降落前，C-17還有時間繞行希坎空軍基地一圈。實質上，這表示飛機重新開始下降前SpaceX員工們只有大約十分鐘。

阿爾坦把這個訊息傳給樓下。他爬進飛機的主貨艙，看到SpaceX團隊從口袋裡掏出各種刀子。「大家已經切開火箭外面的白色收縮膜了，」他說，「所有SpaceX的人都隨身帶刀，我覺得這樣子搭飛機挺誇張的。」

沒人預料得到必須在飛行中打開火箭，所以SpaceX員工沒人帶著刀子以外的任何工具。慌亂搜索可用的東西之後，裝運長找出了C-17的寒酸工具箱，裡面有平頭螺絲起子和單邊活動扳手。至少這個可以讓技師們打開幾條小管線。但要真正平衡火箭內部和貨艙的壓力，必須有人打通通往液態氧槽的大型加壓管線，這只能爬進火箭兩節之間的地方以手工進行。

火箭繼續內爆。飛機內即將大亂。在騷動和危險中，柴克．鄧恩挺身而出拯救他的第一節火箭。幾年前，鄧恩害怕錯過在SpaceX大顯身手的機會。現在他願意在太平洋上空幾千呎，爬進崩潰中的火箭。他拿起一支扳手，也扛下SpaceX的命運。

兩節連接處位於第一節和第二節的燃料槽之間。發射期間，它會保護第二節的Kestrel火箭引擎，外部結構會在兩節分離時脫落。進去之前，鄧恩轉向站在身邊的朋友麥克・席漢。如果火箭開始爆炸，把我拉出來，他誠懇地交代朋友。為了搆到通進液態氧槽的加壓埠，鄧恩必須一路爬進連接處。他沿著艙壁深入內部時被黑暗籠罩。只有席漢的雙手抓著他的腳踝，提供鄧恩唯一的安全措施。他工作時，外部結構排列的尖銳元件刮到了他的背。同時，燃料槽繼續發出不祥的爆破聲和尖銳鳴響。

最後，鄧恩抵達加壓管線，成功把它扭開。他聽到空氣注入火箭的呼嘯聲，令他如釋重負。鄧恩壓過噪音，喊叫著告訴席漢他準備好出來了。席漢當這是求救訊號，把鄧恩從雜亂的加壓管線和閥門中拉出來。痛得要命，但是鄧恩出來發現他的努力有了回報。

火箭重新加壓發出嘶嘶聲，及時趕上，因為排定處理火箭的十分鐘過去了。當C-17再度開始下降進入希坎空軍基地，SpaceX團隊只能回到座位歇口氣，震驚的沉默中只點綴著更多爆裂和尖鳴，很像幾分鐘前聽到的。在他們眼前，金屬火箭開始變回圓柱狀。他們不知道這是什麼意思。鋁皮設計並沒有打算具備這種彈性，因為火箭永遠不該暴露在更高的外部壓力中。

從馬斯克交代手下團隊六星期後發射這具火箭一個月以來，他的團隊十萬火急做到了，組裝好最後的獵鷹1號火箭零件，找到方法快速運送到瓜加林。坐在機組員座位上的每個人都具有馬斯克對太空飛行的熱情。但他們急著把火箭搬越太平洋時，至少弄凹了火箭的脆弱外殼。此外還有火箭的內部結構，包括第一節的晃動擋板，很可能有損傷。琴納利、鄧恩和其他人擔心接下來會怎樣。「我們都以為我們完蛋了，」琴納利說，「燃料槽內爆了。我們很難過。」C-17運輸機在夏威夷的跑道上停下來之前，他們就開始想到把火箭運回霍桑的工廠，在那裡或許有工具可以挽救。萬一無法修復呢？他們無法想像那個後果。

降落後，工程師們陸續下機。手機一連到訊號，他們開始打電話回加州向公司的副總裁們轉達壞消息。琴納利的第一通電話打給上司，發射指揮官布札。他們天黑後降落在夏威夷，所以美國本土時間已經午夜過後。布札睡眼惺忪地接電話，他從琴納利顫抖的聲音很快理解到當下的嚴重性。布札也知道三更半夜遠在加州或夏威夷的疲憊員工都幫不上什麼忙。SpaceX已經付了全程運送到瓜加林的費用。去睡吧，他督促琴納利，明天早上再說。為了舒緩她的緊張，布札說或許損傷可以修復。

同時，弗洛打電話給上司湯普森。她也對火箭的崩潰感到情緒上很掙扎。身為機上的資深結構工程師，降落之後她檢查過火箭和燃料槽。外表看來，獵鷹1號幾乎像完全沒事。她問湯普森他們是否該折返加州。「你們必須完成計畫。」他回答弗洛。盡量睡一會兒，他又說。

說得比做得容易。因為運送飛行很匆忙隨機，SpaceX員工在珍珠港附近的基地缺乏預定住處。他們沒車可以去飯店，也沒有可住的飯店。軍用機場沒有住宿設施，所以他們隨便找地方睡。有些睡在椅子上。琴納利和其他幾個人睡在位於機場大廳附近的兒童遊樂場。他們睡在堅硬的塑膠溜滑梯上，扭曲身體適應曲線。C-17機組員憐憫SpaceX團隊，叫了幾個披薩送過來。但即使工程師和技師們有最柔軟的床鋪和五星級客房服務，那晚他們也不太可能睡得安穩。

隔天重新加油後的C-17把火箭送到了瓜加林，有艘很像D日登陸艇的平底駁船把第一節載到歐梅雷克。團隊把獵鷹1號推進島上的機庫之後，開始進行火箭的初步檢查。

一台小攝影機裝在彈性管子上，稱作內窺鏡，從感測器連接埠插入第一節。內窺鏡在液態氧槽內部蜿蜒前進時，大約十名工程師和技師圍著一台小螢幕。「控制內窺鏡探測超困難的，但突然間它翻身正對著一塊從托架被扯落的擋板，」鄧恩說，「就在那一刻，我們確定火箭需要動手術，我們死定了。」

身為現場的負責人，假設獵鷹1號第一節還能挽救的話，琴納利必須想出一個修復計畫。按照公司的正式程序有條不紊地記錄作業，採用按部就班的方法拆解火箭，她擬出了計畫。琴納利估計需要六週把第一節拆開，檢查損傷，修好，測試，再回來準備發射。九月五日星期五，她提出時間表給直屬上司布札。在霍桑總部，他和湯普森找馬斯克一起看。「伊隆看了以後大發雷霆。」湯普森說。六週太久了。SpaceX沒有六週可以等。務實來說，SpaceX連一個月都不到就會燒光資金。

湯普森和布札退回工廠的小隔間，打給琴納利和幾個他們的直屬手下。在歐梅雷克的加寬拖車裡，琴納利、鄧恩、席漢和另外幾個工程師在臨時會議室裡圍著一張小桌，中央放著擴音電話。琴納利開啟對話討論她的時間表，但不久湯普森就打斷她。他感覺必須傳達情況的嚴重性。

「你們別再說話了，閉嘴，聽我接下來要告訴你們的事，」湯普森說，「你們不能把那該死的火箭送回來。你們得把那玩意像雪佛蘭汽車一樣剝開。等布札和我趕過去的時候，那具火箭最好他媽的分解好了。」

說完之後，歐梅雷克的拖車裡一陣死寂。他們必須在當地的熱帶環境修好火箭。沒時間搞品管或仔細記錄了。他們沒有六週時間。他們只有一週。他們必須拚老命指望一切順利。

「停頓了一會兒，」鄧恩回憶湯普森講完之後，「但是很快，是想出辦法的過渡期。工程師和技師在解決問題。我們基本上只是旁觀。」

☆☆☆

在歐梅雷克的團隊忙著幹活時，湯普森和布札準備這趟救援任務去幫忙修火箭。在霍桑的工廠，他們帶著所有修理時可能需要的硬體，像是擋板、夾子和固定器，有的沒的。然後他們在週日把這些東西搬上馬斯克的達梭獵鷹900噴射機。因為沒時間用海運把TEA-TEB點火液送到瓜加林，布札也帶了一些。容器很像丙烷燃料槽，布札把它搬上飛機時，機師問裡面是什麼東西。

「呃，是自燃物，」布札回答，「意思是暴露在空氣中就會起火。」

「你會帶著放在你旁邊座位上搭飛機嗎？」機師問。

布札說沒錯。被問到萬一TEA-TEB在飛行中起火會怎樣，布札盡力說，「呃，你有兩個選擇：飛到高空然後把客艙內降壓直到沒有空氣，或者低飛讓我打開機門把它丟出去。」

機師也只能接受了。

「我們知道我們需要TEA-TEB，但我們沒有別的方法把它弄過去，」布札解釋，「這是我們經歷過的逼不得已情況。」

獵鷹900飛機在週一晚上大約九點安全抵達瓜加林，但布札和湯普森沒獲准卸下他們的硬體。瓜加林位於國際換日線西邊，比美國時間早了幾乎一整天。結果，當地陸軍設施把週一當作他們的週日，留守人員很少。留守者檢查了抵達的飛機，但是說貨物必須留到隔天早上才能離開機場。布札和湯普森離開機場時擔心他們損失半天時間，但他們很幸運。開車經過機場外面的道路時，他們發現飛機附近有道打開的門。於是這兩人把卡車開進那道門到飛機旁，卸下貨物，然後直接開到碼頭的「遊隼號」。那晚在一片漆黑中，他們把修理零件送到了歐梅雷克。

他們在島上發現大家異常繁忙。三天前那通嚴厲的電話之後，鄧恩、艾德・湯瑪斯和其他推進團隊人員回到機庫把引擎拆下來。為了支撐約〇．五噸的引擎，湯瑪斯用一些木材做了個臨時平台。他們盡快工作，鄧恩、席漢等人拆下所有燃料管線和連接梅林引擎與獵鷹1號第一節的其他連接器。對鄧恩來說，感覺好像他在電視醫療劇裡表演戲劇性場景，有外科醫師大喊他們在做什麼，護士跑來跑去提供工具。在一旁，有兩個品管督察狂亂地拚命紀錄發生的事。在短短一小時內他們剝開了火箭，把引擎放在平台上。

另一個團隊則是拆掉第一節火箭的線路。這是遍布整個火箭的電路與電線的組合。第三群人開始拆解整個第一節的程序。一天半之後大家把它完全拆開了。

工程師和技師們並肩合作，因為整天轉動扳手變得滿身大汗又骯髒。日落之後，工程師擦亮他們的資料分析工具，寫程序，進行硬體檢討。到了晚上十點，他們或許終於可以收工喝杯啤酒。即使當時，在遠離家鄉的星空下，SpaceX員工了解他們不一樣。深夜在平台上，他們會開航太產業其他人的玩笑。那是交揉著古典音樂、端正禮儀、田園風情的時刻，加上優雅的討論。對比之下，SpaceX是硬式搖滾和重金屬。他們雜亂又聒噪，彈起吉他吵死人，而且敲門粗魯。他們覺得這股熱情對於在即將面對的未來生存，繼續前進為世人建造偉大創新的東西很重要。

等到副總裁們抵達歐梅雷克島，工程師和技師門已經累得不成人形。但他們做到了不可能的事。

「週一上午布札和我出現時，那具火箭真的已經像雪佛蘭汽車拆開了，」湯普森說，「而且徹底到他們達到新層次，他們真的把引擎放在平台上。對了，那個平台看起來很搞笑。」

有布札和湯普森在現場監督，手上又有替換零件，發射團隊開始修理火箭。壞掉的燃料擋板換掉，焊接檢查過，管線整理好。不到一週時間，他們把第一節火箭重新豎立。現在，他們必須測試重建後的剛性。整修後的液態氧燃料槽仍然有幾處皺痕，引起對凹陷的疑慮。湯普森心想如果他們走運，皺痕在較高壓力下或許會變平。萬一他們不走運，呃，至少大家努力過。

通常這種壓力測試的做法是把槽內灌滿氮氣之類不會燃燒的惰性氣體，然後慢慢增加內部壓力。但SpaceX當下在歐梅雷克的唯一物資是液態氧和煤油燃料。這會增加風險，因為如果燃料槽在用某種推進劑加壓時破裂，會發生災難性的爆炸。

「我們很清楚如果任何東西故障，一切全完了，」湯普森說，「相信我，這是很大膽的行為。但我是說，我們就在那種狀況裡。就好像，我們必須想出辦法。沒有六星期了。必須在幾天內解決。」

去他的風險，結果第一節火箭通過了壓力測試。額外賺到的是，加壓期間液態氧燃料槽的某些皺痕真的變平了。他們讓燃料槽完整。在宿命的C-17航班之後短短幾天，SpaceX工程師和技師們修好了獵鷹1號火箭第一節，也測試過，發現還可以飛行。

「我們在那幾年做過很多瘋狂的事，在短時間內有很多神奇的成就，最突出的就是這次，」琴納利說，「我不敢相信我們在一星期內拆解整節火箭又組裝回去。我認為我作夢都無法想像。」

他們幾乎打破了航太業每條規則去把第一節修好，但因為歐梅雷克島上這些英雄事蹟，SpaceX還有最後的生存機會。他們整個九月都非常賣力，在星空下熬夜工作，只停下來吃烤牛排或土耳其燉牛肉。壓力測試之後，他們把第二節安裝到第一節上面。然後發射團隊把整具火箭——他們手裡最後的獵鷹1號硬體——推到發射台上。到當月最後一週，他們準備得空前完善。

不成功便成仁。

FLIGHT FOUR

10 第四次發射

二〇〇八年九月二十九日

提姆・布札和漢斯・柯尼斯曼坐在他們在瓜加林租的小房子廚房裡，聊到深夜。他們累趴了，但他們在討論明天還有什麼可能出錯，毫無睡意。

八星期之前第三次發射失敗時，他們並肩站在SpaceX管制室裡。共同經歷折磨之後，兩個好友花了煎熬的五十六天準備這最後一次嘗試。如今，有台冷氣機在背景不斷發出嗡嗡聲，他們互相督促尋找他們趕著發射可能忽略的事。上次缺了一行程式讓火箭失控。在第四次發射前夕，布札和柯尼斯曼擔心這次又有什麼事會害到他們。最後在午夜，他們闔上筆電，決定盡量努力睡一下。

但是布札仍然很不安。他投注了好多心血在這家小公司，幾乎從一開始就加入。為了什麼？SpaceX不會是真正的火箭公司，除非它能抵達軌道。為了他監督過的那些引擎測試、靜態點火和發射——現在已經累積到幾百次了——SpaceX卻還是沒有攀到山頂上。他出門跨上他的腳踏車，騎到他經常去讓頭腦冷靜的地方。北角就在幾分鐘路程外，是瓜加林最荒蕪的地方，提供往北方、往歐梅雷克的開闊視野。他坐在孤獨的公園長椅上讓他的心思漫遊。

黑暗的天空下，他想起他的家人。他的老婆小孩在最近六年來犧牲了很多。再次失敗會讓他們傷心，打破他說成功會讓一切都值得的承諾。他也回想到手下的發射團隊，大家都仰賴他的領導與信心。這些念頭隨著夜深感覺好沉重。布札垮坐在長椅上，仰望星辰。他輕易找到南十字星，在低緯度可見的四顆亮星構成的顯眼星座。

「最亮的那顆星閃爍著耀眼藍色，突然間我完全平靜下來，」他說，「我們準備好了。我騎車回家陷入熟睡。」

柴克．鄧恩就沒這麼平靜了。他在瓜加林小屋的簡陋住處水泥牆外，海浪不斷拍打著岩岸。他在房裡也輾轉反側。在深夜想像隔天的事情，緊張的神經和期待感壓迫著鄧恩的知覺。幾小時後，他在SpaceX短暫耀眼的職涯可能嘎然而止。也可能起飛通往無邊的地平線。無論獵鷹1號火箭的命運如何，他很想看到結果。

日出前許久，他從發皺的床單上起身，在昏暗中著裝。他走出陸軍旅館，海風徐來，找到他的腳踏車。他踩著踏板騎了半個多小時，前往塞在冷戰時代建築裡的SpaceX狹小管制中心。即使在黑暗中，龐大的陸軍國防設施在夜空中襯出不祥的輪廓，從樹梢上方俯瞰著他騎車接近。「看起來好像〇〇七電影《黃金眼》，散發超誇張雷射光的設施。」鄧恩說。

走進SpaceX辦公室後，鄧恩經過一間小支援室進入主管制室。裡面，升空的第一個機會之前大約五小時，SpaceX發射管制團隊已開始聚集。那天陸軍提供SpaceX很慷慨的發射窗口，從當地時間上午十一點到下午四點。即使如此，布札和柯尼斯曼已經在催促團隊開始準備了。

因為時差，鄧恩騎車橫越瓜加林時，在南加州是九月二十八日星期天上午。馬斯克沒有前往瓜加林看發射，選擇在二〇〇八年夏季到初秋留在加州。他必須同時照顧SpaceX和特斯拉，兩者都為了生存掙扎中，同時管理營運並幫火箭和電動車募資。

那是最不宜經營一家超級燒錢的新創公司的時機，更別說兩家了。房價泡沫與次級房貸危機引發的大衰退，嚴格來說在美國是從二〇〇七年底開始，但在二〇〇八年開始拖累整體經濟。到了秋季，美國國內生產毛額掉了將近五%，國內的整體經濟活動暴跌。或許對馬斯克最嚴重的，從二〇〇八到二〇〇九年，美國各創投基金募得的金額從五百三十二億跌到兩百二十七億美元。

大衰退令所有投機生意的努力喪失吸引力，馬斯克到處搜刮資金來搶救他的兩家公司。當SpaceX撐過第三次發射到第四次發射的八個星期，特斯拉的存活同樣凶險。公司終於開始交付第一款Roadster，正要發表新款Model S，但也面臨現金短缺。馬斯克需要資金，而籌錢需要成果。

但在二十八日早上，他最需要的是腦袋清楚。馬斯克和弟弟金博爾為了殺時間，冒著週末人潮帶他們的小孩去安納翰的迪士尼樂園。他們在那裡搭乘知名的宇宙主題雲霄飛車太空山。這是某種不祥之兆嗎？「在發射這個行業每個人都超迷信，」馬斯克說，「或許這是幸運的招式，我不確定。但後來在重大發射前，我又帶他們去玩了兩次太空山。」

從安納翰開車穿過洛杉磯到霍桑大約需要一小時，所以馬斯克必須沿著一〇五號高速公路飆車，在下午四點以前回到公司總部，這是發射窗口在加州開始的時間。他穿著米色馬球衫和牛仔褲，衝進SpaceX的指揮車，照例坐在穆勒右手邊。他面前的筆電提供關於火箭的資料。他的頭頂上，拖車的牆壁上，大型螢幕提供獵鷹1號在發射台上的影像。

「我緊張到快要瘋了，」馬斯克說起倒數，「超緊張的。」

葛溫·蕭特威爾這時其實身在離瓜加林半個地球之外。她在九月底跑去蘇格蘭參加世界最大規模的太空研討會，國際航太大會。她在那裡的不愉快任務是向第三次發射的客戶們簡報公司針對失敗和喪失酬載物的調查結果。在她的時區，發射窗口是從午夜開始。

蕭特威爾那晚在飯店房間熬夜，她老公羅伯是NASA的噴射推進實驗室工程師，先去睡了。為了別吵到他，蕭特威爾躲到浴室去，坐在馬桶上，把筆電放在膝蓋上。為了掩蓋聲音，她打開蓮蓬頭的水。

蕭特威爾花了大半個晚上跟在德州中部長大，在麥格雷戈測試場工作的機械工程師蘿倫·卓爾（Lauren Dreyer）通電話。在水聲中，蕭特威爾和卓爾討論成本，然後改寫SpaceX對NASA的油水豐厚合約提案書中的段落。SpaceX在二〇〇六年贏得商用軌道運輸服務計畫之後，公司和NASA官員合作研發大得多的獵鷹9號火箭與「天龍號」太空船（Dragon spacecraft）。公司的許多員工已經從獵鷹1號計畫崗位轉移到這項工作。到了九月底，SpaceX正在競爭發射運作物資到國際太空站的任務，贏得價值十億美元以上合約的最終痛苦關卡。這可能是公司缺現金的救命丹。

但除非SpaceX能證明自己真的懂如何飛上太空，否則一切休想。NASA不可能會願意冒險把攜帶價值幾億美元的食物、補給品和科學實驗的任務交給無法用簡單火箭抵達軌道的公司。

蘇格蘭的時鐘走到午夜時分，蕭特威爾暫停與卓爾的討論，在筆電上開個視窗收看公司的網路轉播，還有SpaceX總部傳來的專業資料串流。洗澡水繼續放。她丈夫進入夢鄉。蕭特威爾等待著。

瓜加林的倒數進行有幾個波折。獵鷹1號幾乎沒有問題，或許這很合情合理。畢竟這是發射團隊做第四次了。SpaceX也有空前多的人，大約三十幾個，來到島上支援發射。他們經驗豐富應該更擅長倒數了。

火箭進入最終倒數階段前不久，零秒之前大約十分鐘，布札和團隊分享了幾個最後的念頭。他們都知道嚴重性，他說。專注在最後一分鐘的任務。勒緊你的安全帶。然後他告訴團隊他們令他想起安全地導引人類往返月球的早期NASA飛航管制員。在六〇年代的任務管制中心，他們也多半是二十幾歲的年輕人。

「我是老阿公，」布札說，「我大約四十歲，其餘每個人都顯然不到三十。整個房間或許除了漢斯・柯尼斯曼、我和另外一兩人，都不到三十歲。」

然後時間到了。上午十一點十五分，發射窗口開啟僅十五分鐘後，獵鷹1號火箭來到倒數終點。一旦過了零秒，人類對火箭就喪失所有控制力了。唯一的介面非常重要，就在發射場營運者手上，在此案例就是陸軍。如果偏離航道，坐在儀表板前的軍官可以發出火箭自毀訊號。但除此之外，火箭的電腦會控制自身飛行。「發射後你就無能為力了，」柯尼斯曼說，「你只能看著它。我們坐在儀表板前，但是對結果毫無影響。」

所以他們看著。兩節連結處漆成黑色的白色火箭豎立在發射台上，把氧氣排放到熱帶微風中。靠近火箭的棕櫚樹隨風搖曳。然後獵鷹1號火箭飛離發射台時噴出煙霧和火焰。升空後大約二十秒，影片訊號切換到機上攝影機，俯瞰著渺小的歐梅雷克島成為無邊碧藍海洋中逐漸縮小的黑點。

一分鐘後，火箭已經爬升到兩萬多公尺空中，「名義上」的叫聲傳遍管制室。第一節火箭與梅林引擎跟上次發射時一樣，按照預定燃燒飛向太空。不久就到了兩節分離的關鍵時刻。大約兩分四十秒後，梅林引擎關閉。然後機上電腦數了一、二、三、四、五、六秒鐘後，兩節火箭互相脫離。這樣增加了可以安全分離的時間。鄧恩盯著螢幕，看到第一節從火箭上脫落，功成身退。

「那真是壯觀至極的一刻。」鄧恩說。

但還不是最後的一刻。SpaceX以前看過Kestrel引擎燃燒。在二〇〇七年，幾分鐘後，他們接著看到的是第二節旋轉失控。

在加州，穆勒在馬斯克身邊監看。「早期發射總是很緊張，」這位推進系統主管說起發射那天，「我是說感覺好像滿天蝴蝶，或像作嘔。但是也很累，因為我睡不著。」

萬一發生最壞情況，穆勒知道他可能也會分擔指責。「你知道的，搞砸的通常是推進系統。大家都知道四十%的火箭失敗是因為推進系統。接近半數。所以兩節一分離，我們以為我們成功了，對吧？」

Kestrel引擎點燃時，指揮車裡大家互相擁抱。他們欣喜若狂，但也擔心第二次發射的失敗重演。慶祝了一會兒之後，穆勒、馬斯克和其他人回來看螢幕。Kestrel再燃燒幾分鐘後，火箭就會抵達軌道。

這是史提夫．戴維斯真正開始冒冷汗的時刻。他站在廂型車裡馬斯克後面，想著燃料晃動。因為第二節在第三次發射沒有點火飛行過，那個特定風險尚未解除。或許他們添加的擋板無法解決某個潛在問題。「那時候我邊看，邊緊張得要命，」戴維斯說，「從第二次到第四次發射，我有一年半期間無法正常睡眠。」

☆☆☆

傑瑞米・霍曼離開SpaceX將近一年。雖然他在第三次發射期間回到瓜加林協助鄧恩和一些年輕工程師，發射團隊到了第四次發射覺得有足夠信心，不用靠老鳥的指點進行。所以有很多時間、精力和奔波投資在梅林引擎的霍曼，從他在麻州昆西的新家追蹤發射情況。

霍曼以前從來沒和老婆一起看過發射，因為他一直待在太平洋發射場。分享這一刻很棒，但作為旁觀者去體驗有點難過。

「就像世界上其他人，我是看網路轉播的。」他說。

獵鷹1號火箭爬升，到第一節火箭脫離時，霍曼研究模糊的網路轉播畫面尋找出錯的可能跡象。但他什麼也沒發現。

開始飛行後大約兩分鐘，酬載物整流罩從火箭頂端脫落。獵鷹1號第二節上的攝影機捕捉到兩半整流罩掉回地球的迷人景象。不過Kestrel引擎繼續燃燒。它是穆勒以最小型猛禽命名，重量僅約四十五公斤，在消耗液態氧和煤油推動上節火箭飛往穩定繞地球軌道時發出紅光。然後，發射後九分半鐘，Kestrel引擎關閉。

RatSat抵達了軌道。

「Kestrel關閉時，整個管制室大爆炸，」鄧恩說到瓜加林管制室，「我們都樂瘋了。我們全部蹦蹦跳跳，互相擁抱，尖叫。那是名正言順的慶祝。」

安・琴納利擔任發射的載具控制員，坐在儀表板前向發射台上的火箭發出命令。她啟動了發射火箭的最終程序。

「到第四次發射，我們已經升空好幾次了，」她說，「發射總是令人興奮。但已經不再新鮮。它離地。我們心想，老天，天啊，這次會成功嗎？然後成功了。」

布萊恩・畢爾德在第四次發射來到瓜加林擔任任務經理，所以他在外面的房間集會，與聯邦航空管理署派來的官員和潛在客戶一起觀看。畢爾德知道如果這具火箭失敗，他可能很快必須另找新工作。火箭飛行時，他有時間回想自己在SpaceX五年來發生過的所有事，還有最近在歐梅雷克島的事件。一切都像一陣旋風。在獵鷹爬升時，他陷入緊張與激情。

「太棒了。我光想起來就激動不已，」他說，聲音有點沙啞。「抱歉。真的。那很酷。很重大。證明了我們的努力。」

RatSat抵達軌道後航程並未結束。發射團隊繼續監看與想像他們的衛星半小時。預定發射後四十五分鐘會有另一具Kestrel引擎燃燒，通常需要這樣把人造衛星放到最終軌道位置上。位於大西洋的亞森松島上的追蹤站收到了獵鷹的訊號，第二次燃燒也順利進行。

在霍桑的指揮車裡的歡慶變得毫無節制。他們繼續擁抱。他們歡呼。他們成功了。

「抵達軌道就像作夢一樣，」穆勒說，「做過好多模擬，有好多想法。投注了好多好多心血。所以你懂的，它就像是我們的人生。我是說我們拚命工作就為了來到這一刻。我是說，真是如釋重負。」

獵鷹1號進入軌道後幾分鐘，馬斯克走到外面的工廠一樓，有一百多名員工在此收看發射。大衛・季格也在其中。他當過第一次發射的任務經理，現在帶領天龍號太空船的推進系統研發。回想自己在瓜加林的日子，第四次發射感覺挺虛幻的，公司的命運就交在遠方的幾十個工程師手裡。季格擔心如果獵鷹1號失敗會讓家人和朋友失望。在某方面他也擔心讓國家失望。如果SpaceX失敗，也會毀掉很多對新太空運動的渴望。

如同第三次發射期間，SpaceX鼓勵員工邀請家人來工廠參觀發射。就像某些餐廳做兒童餐送蠟筆，公司也發送贈品傳單給小孩子。他們可以搜尋獵鷹和瓜加林這些名詞，玩井字遊戲，或給任務徽章著色。史上第一次，這個徽章包括兩個綠色的幸運四葉草。之後每次發射都是——別忘了，火箭科學家是很迷信的——任務徽章設計至少包括一個四葉草。獵鷹1號發射時，季格記得工廠一樓有股平靜的期待感。「有點保留，直到他們抵達軌道，」他說，「但接著就瘋狂了。」

馬斯克走進餐飲區時，人群安靜下來。他發表三分鐘簡短演講，典型的伊隆特色。他說，這是「我人生最棒的日子之一。」

但是照例，有更多工作要做。那天下午，馬斯克的心思放在火星上。「這只是路程的第一步。」

最後，馬斯克說他們「今晚會有很棒的派對。」結果真的有。

☆ ☆ ☆

在同一條路上的「紫蘭花」的派對已經開始，那是公司同仁最愛的喝酒場所之一。這家熱帶酒吧兼南島風格夜店位於艾爾塞賈多，離SpaceX在東大道1310號的舊總部不到一哩路。有些員工在那裡收看發射，酒吧會播放網路直播。一年前離職去讀研究所的菲爾・卡索夫也加入觀賞的派對。

SpaceX老鳥們發展出一套簡單的發射傳統。如果他們成功，他們就去喝酒。如果他們失敗，他們也去喝酒。直到二〇〇八年九月二十八日星期日，他們從未因為發射成功喝過酒。

就像老球員觀看兒女初次上場打球，卡索夫很難像瓜加林島上控制各種開關的其他人站著不動。「其實我不敢看，」卡索夫回憶，「很難看下去。」第三次發射的失敗之後，卡索夫擔心獵鷹1號可能走霉運。這次會怎樣呢？飛航軟體裡有錯誤的分號嗎？卡索夫一路上很熟悉某些硬體。在獵鷹1號頂端附近，飛航電腦指揮火箭的航電系統區，他建造過一些印刷電路板把訊號傳往整具火箭。它們生效了。

從此RatSat和第二節火箭就用螺絲鎖在一起，以平均近六百五十公里的軌道高度繼續在太空飛行。到了二〇二〇年初，RatSat降低到只有大約六百二十公里，追蹤衛星發射的哈佛大學天體物理學者強納生．麥道威爾（Jonathan McDowell）估計，可能繼續留在軌道上五十到一百年。

「很酷吧？」卡索夫問，「你有自己建造的包廂，你灌注血汗與淚水在其中，它會留在軌道上一個世紀。這時候就會有種超現實感，你知道嗎？」

隨著傍晚入夜，夜色漸深，加州派對更加熱鬧。有些員工去了緬因海灘的酒館，有些去紫蘭花，那裡當晚的派對開到最晚。所有飲料由公司買單。馬斯克開完記者會接受訪談之後，先後出現在兩處熱鬧派對上。當他走進每個場地的大門，聚集的員工都瘋了。透過他一人的領導，他們做成了大事。而且大家都喜愛他。

「還在飛！還在飛！」

羅伯．蕭特威爾被這句話吵醒。隨著獵鷹1號飛上太空，地球上沒有洗澡水聲，更別說在蘇格蘭飯店的浴室裡，能遮掩他老婆的歡喜叫聲。

火箭抵達軌道之後，蕭特威爾跑出她的飯店房間穿過走道去找住在這裡與會的其他獵鷹1

號同僚。她穿著睡衣和瑜珈褲，邊走邊大呼小叫。當時負責中東與亞洲業務的強納生・霍菲勒（Jonathan Hofeller）打開房門後，她給他一個親吻和擁抱。蕭特威爾、霍菲勒和另外兩個SpaceX員工下樓到飯店的酒吧。這時已經過了午夜，酒吧打烊了。他們哄騙飯店重開酒吧，這群人點了香檳。雖然酒並不冰涼，他們還是喝掉。「真難喝，」蕭特威爾形容香檳說，「但在格拉斯哥那晚非常開心。」

翌日，大會的開幕日，她預定要向客戶簡報第三次發射的失敗。「我應該要向這些不爽的客戶描述獵鷹1號的悲傷故事，第三次發射，」她回想說，「我說，『管他的，我要談第四次發射。』於是我講了一點兒第三次發射，然後大談第四次發射。」

當馬斯克發現帶小孩去玩太空山的幸運符，蕭特威爾也在第四次發射之後養成一項太空迷信，她稱之為「發射魔力」（launch juju）。自從第一次甜美成功之後的每個發射日，她都在鞋子裡，通常是高跟鞋，貼著黃色便條紙，在上面寫著蘇格蘭。「希望每次發射都像我在蘇格蘭那樣。」她說。

傑瑞米・霍曼整夜難以成眠。發射後不久，他打給還在指揮車裡的穆勒。過了幾分鐘，穆勒把電話傳給眾人讓他的前助手跟推進團隊的其他成員講話。他們許多人至今仍是好友關係。即使如此，霍曼在背景聲音中聽到喜悅的氣氛不禁覺得有點疏離。之後，東岸也入夜，霍曼只能獨自回想。

「我因為沒和團隊在一起而有股複雜的歉疚感，因同樣理由也有點嫉妒，但非常高興能夠和我太太一起體驗發射，」霍曼說，「其實我當時的第一個念頭是我已經不是SpaceX的員工了。到頭來我既難過也很坦然。」

他不必感覺歉疚。離職去成家之前，霍曼就想在公司安插關鍵人員來接續他的工作。他做到了，第四次發射的成功確保了梅林火箭引擎的遺產。還有另一個美好驚喜在等著霍曼。這對夫婦還不知道，但他們幾週前又懷上另個小孩。霍曼離開SpaceX去和珍妮建立家庭，他們成功了。

☆ ☆ ☆

霍曼的許多好友在發射轉播結束後仍留守在瓜加林的崗位上。首先他們等著監看Kestrel引擎重新點燃，然後他們觀察第二節火箭的電池何時會沒電。它撐得夠久讓第二節火箭和RatSat飛越發射場上空時，瓜加林的地面管制站能夠找到。

「看到你一小時三十分前剛發射的東西飛回來真是神奇，」柯尼斯曼說，「那相當貼切地說明了繞地球軌道是什麼意思。」

然後，除了慶祝無事可做了。布札、柯尼斯曼和其他工程師鎖上小管制室，大多數發射團隊前往碼頭。他們在熱帶烈日下猛騎單車，高興得快瘋了。他們一邊踩踏板，一邊高呼一個單字。**軌道**。

他們來到瓜加林碼頭時，遊隼號正好載著任務的後備小組靠岸。那天早晨，這群員工曾經轉動歐梅雷克島的閥門，然後撤回安全的梅克島從碉堡裡觀察發射。有些人溜出來親眼觀看實況。船靠岸後，團體慶祝更加歡樂。「每個人都開始大喊『軌道』，沒完沒了，」鄧恩說，「見到那些人真開心，團隊到齊了。當然，派對從那時候才開始。整個島都認識SpaceX，還有我們是做什麼的。他們知道我們先前有段苦日子，他們鼓勵我們。所以我想那晚基本上整座島都像我們一樣狂歡。」

結果他們來到退伍軍人廳，裡面有島上兩家酒吧的其中一家。琴納利和朋友及同事們喝酒時，她忍不住想著他們多麼努力工作才來到這一刻。「我腦中一直想著我們剛創造了歷史。」她說。

團隊百感交集，同時在退伍軍人廳喝掉了好幾箱啤酒。解脫。興奮。驚歎。凌駕在這一切之上的是第三次發射到第四次發射之間不斷工作的精疲力盡。不知何故，在最黑暗的時刻，在最偏遠的熱帶邊疆，他們面對最後的機會，他們同心協力。他們都很清楚，那晚他們可能藉酒澆愁，作最後告別然後分散到其他火箭公司，進入學術界或別的地方。但他們為共同的經歷和光明的未來乾杯。

「那才是我最愛SpaceX的地方，或許超過其餘一切，」鄧恩說，「知道在你周圍和身邊，在管制室或任何地方的那些人，他們也經歷過這些。他們撐過了被逼到極限，或超越極限，作出最大的貢獻。」

那晚大多數人喝到爛醉，語無倫次。瓜加林島沒有私人汽車，平民不可能酒後駕車。不過憲兵仍然開高爾夫球車巡邏全島，開罰單給酒醉的單車騎士。那天深夜，SpaceX工程師們派出兩個年長尋歡客離開退伍軍人廳，在路上搖搖晃晃地騎單車，遠離潟湖。這對誘餌——老水手和太空媽——沒有喝酒。其餘的SpaceX團隊等到憲兵上鉤，然後盡快低聲竊笑著騎車到潟湖去。

大多數人在那裡脫光衣服。溫暖的海水在呼喚他們。

ALWAYS GO TO ELEVEN

11 永遠要做到前十一名風險清單

二〇〇八年九月—二〇二〇年五月

伊隆・馬斯克投入六年時間和一億美元在SpaceX之後，終於有了真正的火箭。先前只有少數幾個國家造過液態燃料火箭並且發射進入軌道。憑藉第四次發射的成功，這家南加州來的寒酸公司加入了只有國家和國家支持的火箭公司的獨家俱樂部。在發射成功後的訪談中，馬斯克稱呼獵鷹1號的耀眼飛行是「夢想的頂點」。不過當他在工廠和手下員工慶祝，陶醉在紫蘭花的歡呼聲中，馬斯克實現的不是夢想。

在心裡，感覺比較像是惡夢。

「是這樣的，我想我的皮質醇（cortisol）⑥指數臨床上很高，所以我沒有真正感覺歡慶，」他說，「沒什麼歡喜的感覺。我只是太緊張了。就像倖存的病人。進入軌道只是像，好吧，現在我們不會倒閉了。至少我們會活久一點。這就是發射成功的意義。我只覺得解脫。」

他的員工並不完全了解情況有多凶險，馬斯克不想毀掉他們的快樂時光。但他擔心是有道理的。雖然獵鷹1號成功帶來SpaceX品牌亟需的認證，公司並沒有可以快速取得的收入。看著前三具火箭令人洩氣的失敗之後，沒有潛在客戶打電話給葛溫・蕭特威爾。其實，公司只剩一個獵鷹1號的客戶了：馬來西亞人。即使蕭特威爾的手機在二〇〇八年秋天SpaceX終於抵達軌道之後開始響起，那些任務不是短期內就能飛的。SpaceX工廠沒有剩餘的獵鷹1號火箭了，直到把客戶的衛星送上太空才會收到錢。

同時，各種固定成本仍在燒現金。公司要付廣大設施和現有設備工具的租金才能建造引擎和火箭。第四次發射時公司的員工已超過五百人，他們期待領到薪水，有健保和其他福利。科技創投公司Founders Fund在八月初投資的兩千萬美元有幫助。但第四次發射之後，SpaceX的財務仍然吃緊。

「我有很棒的員工，確保他們領得到薪水是我的職責，」蕭特威爾說。無論是否上軌道，到秋天錢就會燒光。「我預先展望六到八週，知道我們的錢不夠發薪水。」

馬斯克這段時期的艱困，都詳細記錄在他由艾胥黎・范思（Ashlee Vance）撰寫在二〇一五年出版的傳記裡⑦。他在那年夏秋之際應付毫不留情的負面報導，獵鷹1號第三次失敗，網路出現「特斯拉死期觀察」之類網站，他的前妻潔絲汀公開在媒體上拖累她的前夫。他的新女友，英國女星塔露拉・萊莉（Talulah Riley）說馬斯克看起來活像「死神」，還形容他會作惡夢驚

譯註⑥：應付壓力的荷爾蒙。

編按⑦：中文版傳記書名：《鋼鐵人馬斯克：從特斯拉到太空探索，大夢想家如何創造驚奇的未來》（*Elon Musk:Tesla, SpaceX, and the Quest for a Fantastic Future*）。

醒，慘叫著痛苦不堪。她擔心他會在壓力下崩潰，或者可能心臟病發死掉。

即使SpaceX發射成功後，馬斯克的兩家公司都瀕臨破產。那年秋天，他還剩大約三千萬美元現金。朋友們催促馬斯克拯救SpaceX或特斯拉，警告他無法同時撐起兩家。他為這個決定很痛苦。「好像你有兩個小孩，」馬斯克說，「我無法狠心讓其中一家公司倒掉。」以馬斯克的世界觀，他不能放棄任何一家創業。需要特斯拉來拯救地球免受氣候變遷之苦，幫助人類從化石燃料成癮解脫。而SpaceX會提供讓人類成為跨星球物種的後備計畫。所以他把錢分割給這兩家公司。

在財務危急期間，SpaceX保有最後一張牌。二〇〇六年，NASA在獵鷹1號初次失敗之後通過了為這家公司挹注重要資金，打賭SpaceX終究會找到辦法抵達軌道。即使在第四次發射的倒數時鐘跳動時，蕭特威爾仍努力確定公司在稱作商用運補服務（CRS）的計畫運作階段中成為NASA的一份子。藉著這份合約，NASA要求幫忙為國際太空站上的太空人供應衣食。合約會付錢給SpaceX建造獵鷹9號火箭和天龍號太空船來運送糧食、飲水、補給品和科學實驗到國際太空站。這一桶金可以帶給SpaceX財務穩定。「我們又沒有一大堆客戶在排隊，」馬斯克說，「我們有馬來西亞人，之後就沒什麼事可做了。沒有CRS合約，我們就會淪為抵達軌道然後倒閉的公司。」

二〇〇六年贏得NASA的COTS合約之後，SpaceX善用這筆錢。公司的勞動力膨脹以克服這些極具企圖心的計畫。從來沒有民營公司發射過太空船然後返回地球，像是SpaceX用天龍號任務嘗試做的事，攜帶大量貨物到NASA的軌道實驗室。在一支團隊設法最終讓獵鷹1號抵達軌道時，另一群人開始設計天龍號貨運太空船，還有大得多的獵鷹9號火箭以便發射。早在二〇〇七年，公司大多數人就在執行這些新計畫了。

馬斯克向來打算建造更大的火箭，但他原本設想的是從一具變五具引擎，稱作獵鷹5號的載具。他相信這樣已經夠大，可以把小莢艙送上太空。COTS合約允許馬斯克作大夢。NASA言明他們希望每次任務都有把好幾噸糧食、補給品和其他設備送上太空的能力。因為NASA要求SpaceX做更大的太空船，表示它需要更粗壯的火箭去送上軌道。於是有了獵鷹9號。

多年來，推進團隊已經很難在發射時可靠地點燃單一梅林引擎。這下他們要擔心九倍。穆勒和手下團隊也必須學習怎麼安全地把這些引擎湊在一起——如果飛行中一具引擎有問題，其餘的安全距離是多少才不會跟著起火？基於這些挑戰，馬斯克原本認為甘脆研發更大更強力版本的現有引擎可能比較簡單，就叫做梅林2型。這樣能避免在單一火箭上群集與控制這麼多引擎的複雜性。但是SpaceX負擔不起這種計畫所需的時間和金錢，所以計畫改成複數引擎。「我們知道會很辛苦，」穆勒說到有九具引擎的火箭，「但我們真的沒有選擇餘地。」

到了二〇〇七年六月，SpaceX完成建造獵鷹9號火箭的第一個燃料槽，運到麥格雷戈測試場。工程師們在那裡第一次把安迪·畢爾將近十年前建造的巨大三腳架拿來使用。那年十一月，他們裝上一具引擎測試點火。到了隔年三月，他們已經測試過三具引擎。同時點燃複數引擎進行得相當平順，讓他們很驚訝。穆勒、霍曼、布札和其他人投資在製造梅林1A和梅林1C火箭引擎的所有努力，在獵鷹1號上很有效率，在他們把梅林安裝到獵鷹9號火箭時得到了回報。大多數毛病都被解決。所以雖然還有更多問題要處理，梅林1C引擎是已知數。

二〇〇八年夏季，布札帶著獵鷹1號發射團隊在歐梅雷克島準備第三次和第四次發射，麥格雷戈的另一支團隊初次點燃了獵鷹9號火箭，九具引擎齊全。這些初期測試只持續了幾秒鐘。那年秋天在十一月的大規模測試會有完整週期的燃燒。獵鷹9號火箭安穩地夾在三腳架上，梅林引擎燃燒了一百七十八秒以模擬實體第一節往太空的任務。布札從房舍裡看著。兩個月前，他剛第一次把獵鷹1號送上軌道，現在強力十倍的火箭震撼了三腳架，往德州的夜空噴出耀眼火焰。「當時，那很可能是我看過最強力的東西了。」布札說。

獵鷹9號火箭來了。

沒在製造獵鷹1號和獵鷹9號火箭時，穆勒也帶領天龍號太空船專用的新火箭設計。他點名新進工程師大衛·季格當他的幕僚，帶領這個貨艙的推進工作。天龍號必須多才多藝，能在太空中自動控制飛行，以便與國際太空站會合，再安全地掉進太平洋。季格和工程師的小團隊在二〇〇六年從零開始，他們開始思考現代太空貨艙應該長什麼樣子。「天龍號算是個附屬計畫，公司大多數人都在做獵鷹1號，」季格說，「我記得星期六與伊隆和也許五人的小團隊開會。我們算是共同構想出天龍號的幾個高階概念。」

SpaceX有來自NASA的幫手。一支NASA工程師的小團隊支援SpaceX和另一家COTS合約承包商，軌道科學公司，負責檢討太空船設計與找出潛在問題。這些NASA官員曾經假設他們在進行供貨給太空站的後備計畫。此計畫在NASA內部是低優先等級。但在二〇〇八年情況有變。小布希總統決定太空梭應該趕快退役，留下NASA供應太空站管道的大缺口。後備計畫得到了優先地位。

結果，NASA加速外包合約的進程推動了實際運補任務。雖然SpaceX以天龍號、軌道科學公司也以天鵝座載具贏得了COTS研發合約，NASA並沒有義務在計畫運作階段選擇他們。NASA啟動稱作商用運補服務的公開競爭。為了這個計畫，NASA會付錢給兩家供應商各超過十億美元——救命錢——做一連串運補任務。

那年夏天SpaceX沒什麼信心獲勝。雖然在二〇〇六年贏得COTS，蕭特威爾說大多數同業預期她的公司建造大型軌道火箭會失敗。獵鷹1號火箭的第二次和第三次發射失敗之後，那些人的看法沒變。有幾個NASA工程師像麥克・霍卡恰克（Mike Horkachuck）在先前兩年與SpaceX密切合作，變得有信心了。但是競爭程序加溫時，NASA和國會內部仍有許多懷疑者。

「NASA和我們合作了兩年，我想他們對我們相當滿意，」蕭特威爾說，「但他們也有些顧慮。當時NASA最擔心的是我們的軟體，第三次發射失敗在這方面可能是雪上加霜。」

但隨著夏季入秋，SpaceX開始成功。第四次發射抵達了軌道。在十一月，推進團隊在德州進行了獵鷹9號火箭的全程點火測試。突然間，看來彷彿SpaceX有可能造得出火箭了。

隨著個人財富在經濟衰退中乾涸，馬斯克仍然擔心他的公司財務危機讓NASA有何觀感。馬斯克也害怕NASA可能選擇把契約簽給一家公司而非分散兩家。萬一如此，SpaceX很可能被拋棄。軌道科學的商用太空運輸部門新任資深副總裁，法蘭克．考伯遜（Frank Culbertson），與NASA關係深厚。執行三次太空任務之後，這位前太空人在NASA擔任管理職務，和內部的決策官員保持密切關係。軌道科學的總部在維吉尼亞州杜勒斯，那年秋天，考伯遜經常出現在華府NASA關鍵決策者的辦公室裡。

終於，在二〇〇八年十二月二十二日星期一早上，答案傳來。

「聖誕節前，他們就突然打到我的手機。」馬斯克說。是NASA的載人太空飛行主管比爾．葛斯騰麥爾（Bill Gerstenmaier）打來的。國際太空站計畫的負責人麥可．蘇菲迪尼（Michael Suffredini）也在線上。他們很興奮地告訴馬斯克SpaceX贏得了兩份合約之一。馬斯克不敢相信。他回答他們，「我愛NASA。你們太棒了。」通話之後，馬斯克要求蕭特威爾立刻簽下NASA提出的任何協議。他還是有點怕NASA可能收回合約。兩天後的聖誕節前夕晚上六點，特斯拉結束首輪融資，提供這家困頓的汽車公司六個月資金。他那兩家似乎死定的公司在瞬間得救。

「感覺就像我被押到行刑隊面前，戴上眼罩，」馬斯克說，「然後他們開槍，扣下扳機。卻沒有子彈射出來。接著他們釋放你。當然，感覺很棒，但你會緊張得半死。」

對蕭特威爾來說，CRS合約代表一大勝利。整個COTS合約期間，還有現在的CRS，她兌現了兩項政府合約，讓SpaceX從新創小公司提升到成熟中的公司；從幾十個到幾百個員工；也從獵鷹1號到強力、世界級的火箭。NASA提供了資金，在幾十個追逐者之中，蕭特威爾成功搶下。她挽救了SpaceX。

可想而知，那年秋天馬斯克讓蕭特威爾升遷。兩年前他用傳統方法雇用了公司的第一位總裁，選擇經驗豐富的航太領袖吉姆・梅瑟。那次實驗失敗了。馬斯克推斷，或許最適合這個職位的人已經在公司裡了。所以他問蕭特威爾想不想管理業務發展和法務以外的事情。到了那年十二月，她成為SpaceX的總裁。

「那年是個好年，」她說，「我非常喜歡二〇〇八年。伊隆看待二〇〇八只是他人生中糟糕的一年。但我不同。」

獵鷹1號發射團隊在二〇〇九年夏天回到瓜加林去發射第一次只有商業酬載物的火箭。馬來西亞人跟著公司經歷過六年時間與三次失敗。如今，約一百八十公斤重的地面觀測太空船有便車可以上太空了。

訂在七月十四日下午的發射進行得很順利。SpaceX雇用了諾斯洛普格魯曼出身，參與過韋伯太空望遠鏡的物理學家羅傑・卡森（Roger Carlson）來進駐瓜加林指導發射任務。發射之後，提姆・布札和卡森站在歐梅雷克島的一端，討論公司的未來。從布札和大約二十幾個工程師與技師來到這裡從零開始建造發射場，已經過了四年。

「羅傑，現在這座島歸你管了，」布札告訴新來的發射場主管。「我要去佛羅里達做獵鷹9號，往後你就在這兒發射獵鷹火箭吧。」

有一陣子，事情似乎就是會這樣發生。二〇〇九年九月初，SpaceX宣布簽下為美國電信公司ORBCOMM發射十八顆衛星的合約。這項交易需要多次發射稱作獵鷹1號e的升級版火箭，把第一節加大搭配升級版梅林引擎。多年來獵鷹1號火箭的第一份新合約，以及多次發射的第一次都前途看好。

但幾星期後，一切都改變了。馬斯克召開獵鷹1號團隊會議，毫無預兆地告訴他們，獵鷹1號以後不再飛行了。

「這對我們參與獵鷹1號任務的許多人都很難接受，」琴納利說，「我們花了好多心血和時間讓這個計畫成功，那樣子說改就改是典型的伊隆作風。他很專注在他想要的，而獵鷹1號並不在只是單純學習如何做的規畫裡。」

然而，克服一開始的震驚之後，獵鷹1號團隊接受了馬斯克的智慧決定。這表示工作量變少，因為他們不會被迫花時間研發、測試與建造獵鷹1號e型。多出來的時間，他們可以專注在獵鷹9號和此時代表未來的天龍號。最後，如果成功，ORBCOMM的衛星終究會搭乘較大的獵鷹9號火箭飛上太空。至於歐梅雷克島，有幾個SpaceX員工繼續留守到二〇〇九年底清理善後。所有東西都必須搬走。陸軍交代SpaceX，水泥必須打成不超過高爾夫球尺寸的小碎片。大自然和椰子蟹很快就會收復那座小島。

軍方對獵鷹1號突然喊停有什麼想法呢？DARPA為了透過獵鷹計畫研發出一個快速、可重複使用的發射方式，資助過SpaceX的前兩次任務，並且以補貼支援科技研發。結果獵鷹1號火箭成為軍方專案資助又實際抵達軌道的唯一小型發射載具。十年過後，空軍仍然沒找到替代品。所以公司放棄獵鷹1號會讓軍方擔心SpaceX和馬斯克變幻無常嗎？

「我不覺得這是個問題，」在SpaceX的發展時期擔任獵鷹計畫的經理，後來成為DARPA署長的史提芬・渥克（Steven Walker）說，「他們繼續轉型到獵鷹9號火箭，改善了軍方的太空能力。他們能以美國政府在他們出現之前所支付的四分之一成本發射昂貴的軍用衛星。我會說我們投資獵鷹1號計畫物超所值。」

少數人員留在瓜加林收拾善後的同時，大多數SpaceX的發射團隊在佛州的卡納維爾角空軍航空站準備營運。他們放棄西岸的主要空軍發射設施之後不到四年，SpaceX在東岸的歷史發射場取得租約以發射獵鷹9號。公司重建了將近五十年歷史、先前用來發射泰坦火箭的發射台。

NASA、空軍和其他利害關係人針對新火箭作了漫長的檢討之後，SpaceX在二〇一〇年春季執行一連串靜態點火測試。最後，公司收到了火箭的發射日期：六月四日。結果，獵鷹1號火箭第一次成功抵達軌道後不到兩年，公司就把最新的火箭推上發射台。它令獵鷹1號相形見絀。舊火箭有二十公尺高，大約二十七噸重。獵鷹9號則約四十八公尺高，裝滿燃料有驚人的三百三十噸重。如果獵鷹1號火箭像是嬰孩，獵鷹9號就是NBA球星俠客·歐尼爾。

SpaceX在六月二日把獵鷹9號搬到重新整修的發射台上，一天之後，典型佛州海風驅動的暴風雨從大西洋來襲，大雨淋濕了暴露的火箭。雷暴雨之後，一名發射管制員注意到第二節火箭發出異常的無線電頻率訊號。這表示要延期，所以當晚布札、馬斯克和阿爾坦開車到發射台去跟現場的發射工程師解決問題。原已經豎直準備發射的火箭被放倒在地面呈水平姿勢以便檢查。若是歐梅雷克島的獵鷹1號會花掉一整天，但是SpaceX為獵鷹9號火箭設計發射支架時應用了學到的教訓。

一抵達發射台，馬斯克指派阿爾坦爬上梯子到第二節火箭外部Haigh-Farr公司製造的遙測天線位置。阿爾坦在歐梅雷克經常搭JLG電梯幹這種事，他在這裡重施故技來配合獵鷹火箭。拆下蓋子之後，阿爾坦證實有進水問題。簡短商議之後，他們決定嘗試用吹風機吹乾天線。阿爾坦站在梯子上來回揮動吹風機，直到他認為天線已經乾燥到極限了。這段時間，馬斯克和十五到二十人在底下看著他。

「那裡真是露天到極點，」阿爾坦說，「伊隆沒怎麼插手或多說什麼，只是讓我做事，就是打開它，吹乾然後加熱，再用矽膠密封起來以便撐過隔天的發射。」

火箭準備就緒之後，阿爾坦從梯子爬回到地面，馬斯克走近他的航電主管。「你認為這狀況明天能夠發射嗎？」他問。

「應該做得到。」阿爾坦回答。

馬斯克評估這個答覆，用尖銳的眼神盯著阿爾坦的眼睛，似乎在判斷阿爾坦是否在壓力下才回答老闆想聽的話，或他是否講了真心話。馬斯克肯定喜歡他看到的樣子，因為最後他只回答「好吧」。

這時天候已晚。想在漫長煎熬的一天之前好好睡一晚大概沒指望了。大約凌晨三點，布札開他租來的車子送馬斯克回旅館。穿過岬角的漫長車程中，馬斯克問了他一些問題。但是不談當天稍後的發射。就像二〇〇六年獵鷹1號初次發射時，他的心思亂飄，馬斯克在展望未來的事情。他問布札獵鷹重型火箭的事，還有如何回收獵鷹9號的第一節火箭。布札那天凌晨入睡時心想，典型的伊隆。

隔天的發射很接近完美。測試發射的主要目標是避免損傷發射台。其次，公司希望抵達軌道。如果火箭飛那麼遠，瞄準的是赤道上方三十五度的軌道。不只全部做到還有更多。以嶄新火箭來說是很傑出的精確度，第二節火箭以34.494度斜角進入軌道。所以這具未測試的火箭尖叫著飛離幾百公里外的發射台，達到比音速快好幾倍的速度，與目標軌道誤差只有0.006度。

那晚，SpaceX在可可亞海灘碼頭開派對，此地伸入大西洋二百五十公尺長。八年來，公司拚命維持收支平衡，掙扎著把火箭送上軌道，途中有好幾次差點倒掉。

那晚對馬斯克和SpaceX快速成長的員工來說，那些失敗已經拋諸腦後。

頭頂上，他們的火箭飛翔在群星之間。

腳底下，海浪拍打著碼頭。

就在這些員工與他們熱愛的公司面前，是一片光明耀眼的未來。

☆☆☆

二〇一〇年夏天，第一具獵鷹9號火箭從佛羅里達升空之前幾個月，湯瑪斯・祖布臣（Thomas Zurbuchen）和幾個朋友打賭任務會成功。他的朋友都很樂意看衰這家新貴公司，因為它缺乏業界主力玩家洛克希德馬丁和波音的遺產。批評者說，嘗試四次之後，SpaceX或許把小火箭送上了太空，但他們還沒準備好跟這些大咖一較高下。

祖布臣心裡有數。這位瑞士出生的科學家曾經在密西根大學幫助建立並經營一套聲譽卓著的太空工程學研究生課程，而在二〇一〇年春天，《航空週刊》（Aviation Week）請求祖布臣寫篇關於人才發展的文章。作為這篇文章內容的一部分，祖布臣根據近十年來的學術成就、領導力和創業績效，列舉了他的十個得意門生，研究他們在何處高就。令他驚訝的是，其中半數不在產業的頂尖公司工作，而是在SpaceX。結果令他刮目相看。

「那是在SpaceX成功之前，」二〇一六年成為NASA科學探索部門主管的祖布臣說，「所以我訪談這些過去的學生，問他們『你為什麼去那裡上班？』他們去是因為他們相信。很多人接受減薪。但他們相信那個使命。」

在他為航太刊物寫的文章裡，祖布臣寫到SpaceX如何成功以啟發性目標贏得人才爭奪戰。「我打賭獵鷹9號馬上會成功其實有點緊張，」他寫道，「但長期來說，人才會勝過經驗，企業文化會勝過遺產。」他補充，在現代航太界，官僚體系、規則和病態地畏懼失敗經常「毒化」職場。

在獵鷹9號初次飛行之後兩個月發表的這篇文章吸引了馬斯克的注意。他把文章轉發給所有員工，說他們是業界最強最聰明的，世人開始注意到了。馬斯克也邀請祖布臣來SpaceX的工廠參觀。造訪期間，馬斯克感謝祖布臣，他們討論了那些懷疑公司的人。但接著，祖布臣回想，馬斯克突然以他招牌的迷人注視盯著這位科學家。他們的客套話就此結束。馬斯克提了個問題：另外五位學生是誰？

「我發現那才是整場會談的重點，」祖布臣說，「談的主題不是我。他想要延攬他們。他想要另外五個人。」

不是每個人都欣賞《航空週刊》那篇文章。祖布臣發表後接到一些電話含蓄地，或不太含蓄地，恫嚇他一定是喝了SpaceX迷湯的蛋頭學者。他記得在走道上的憤怒對話，在會議中被告知他對發射產業的無知。但祖布臣堅持他的結論。當他在麻省理工學院或南加州大學等地和工程學同儕談話，他總聽到類似的事。SpaceX也對他們的學生頗有影響力：創新的自由和快速進行的資源吸引了世上最好的工程師。

競爭對手也開始正視SpaceX的成功。獵鷹1號對大多數美國航太公司只是個煩人的小蒼蠅，只真正威脅到軌道科學公司和它的飛馬火箭。但是獵鷹9號代表對業界權力掮客的正規挑戰。

聯合發射聯盟享有美國國家安全發射合約的壟斷，還有幾家大型航太公司，包括波音、洛克希德馬丁、Aerojet Rocketdyne、諾斯洛普格魯曼和ATK航太瓜分其他剩餘的政府合約的大多數發射生意，包括NASA。這些公司沒人歡迎新來的競爭者，尤其是這麼具潛在破壞力的。他們的回應是開始幫政治反對勢力搧風點火。就像這些承包商在現狀下享有既得利益，阿拉巴馬、佛州、德州、猶他州和其他一些航太職位數量不成比例州的政客也是。

SpaceX在太空政策史上的關鍵時刻崛起。二〇一〇年，白宮和國會之間為了人類太空飛行的未來發生大戰。預定在二〇一一年中期的最後任務之後，大家都同意太空梭要盡快退役。全部握有太空梭計畫大型合約的各大航太公司幫助國會研發一項新計畫，繼續建造同樣油水豐厚的新型政府太空船與火箭。歐巴馬的白宮想限制資助這些昂貴的計畫，給SpaceX之類的新興玩家機會來看看他們能否壓低太空飛行的成本。第一具獵鷹9號發射，然後，有人針對歐巴馬總統的太空政策提議某種公投。如果這型火箭失敗，反對者就能把自己的觀點正當化：商用太空業務還沒有準備好。

「我很清楚不只我自己的名譽，還有歐巴馬政府的太空政策成敗，將大幅取決於SpaceX發射的結果。」當時NASA的副署長與歐巴馬的關鍵太空顧問蘿莉·加佛（Lori Garver）說。

你可能以為國會議員會歡迎新型、美國製造的火箭加入國家的太空艦隊。當時，全國的大多數軍方資產是用亞特拉斯五號火箭發射，那是靠俄製引擎推動的。但國會山莊主管太空事務的政治領袖們與現有的航太權力掮客結盟，只作象徵性回應。德州資深參議員凱·貝利·哈奇遜（Kay Bailey Hutchison）說，「別搞錯了，連這小小的成功都比預計進度落後了一年多，其他民營太空公司的計畫期限也持續延誤。」鑒於SpaceX已經在哈奇遜的選區州建立了巨大而且成長中的麥格雷戈測試場，這麼不痛不癢的反應實在不正常。

NASA的許多領導階級同樣抱持戒心看待獵鷹9號火箭的發射。除了把壓低發射成本視為NASA下一個關鍵步驟的加佛和幾位盟友，大家都討厭歐巴馬政府努力把一部分太空計畫民營化。某些決策者真心認為SpaceX太高傲，方法太冒險。但現實是很多NASA高層也跟傳統航太公司有關係。然後，現在也是，NASA的高階官員經常在總署和大型承包商之間來來去去。這個旋轉門效應幫助了航太產業對總署採取的政策方向維持某種程度的控制，也強化了像SpaceX這種公司的懷疑，他們想要整頓現有秩序。

但SpaceX是真的會整頓。獵鷹9號火箭初次成功之後，SpaceX會證明它的天龍號貨運太空船能夠安全飛行。第一具獵鷹9號發射後六個月，火箭的第二次任務就初次把天龍號送上了太空。為了向英國蒙提派森喜劇團體的經典短劇《乳酪店》致敬，貨艙攜帶了一圈布魯埃乳酪。想到公司的第一個軌道酬載物是RatSat（字面有老鼠衛星之意），而天龍號太空船第一次攜帶的是乳酪食品，實在很有趣。發射後三小時，天龍號安全地掉落在太平洋。姑且不論異想天開的酬載物，從來沒有民營公司讓太空船起飛又降落。然後在二〇一二年五月，天龍號第一次銜接到國際太空站。之後它又成功飛了二十次太空貨運任務。

重複使用火箭是馬斯克從計畫一開始就有的部分。在獵鷹1號所有發射中，SpaceX不只在第一節火箭頂端安裝降落傘，還派遣員工搭船去海上回收飛行硬體。二〇〇六年，獵鷹「回收團隊」成員是結構工程師傑夫・里奇奇和二十五公尺長的陸軍小船「大橋號」。

速度很慢的大橋號派駐在SpaceX計算第一節火箭會落水的區域大約十六公里外，第一次發射確認後立刻緩慢地駛向落水區。海上通訊狀況不太好，船上人員並未馬上得知沒有火箭可以回收。

發射之前，SpaceX在「商船通告」（Merchant Shipping Notices）發表了潛在衝擊區。陸軍小船抵達落水點時，里奇奇驚訝地發現一艘中國船在那裡等待，假裝捕魚。這似乎不只是巧合。

「這艘拖網船在開放海域的幾百平方公里內捕魚，就在落水點的精確位置，距離落水時間不到兩小時，」他說，「我確信這跟當時有第一節火箭預期藉著降落傘在此掉落毫無關係。」

後來，SpaceX才發現沒有希望在通過地球大氣層並使用降落傘之後捕捉到第一節火箭。它以超音速重返地球，早在放出降落傘之前很久就會燒掉。但在當時，里奇奇覺得有壓力要找到第一節。這是個幾乎不可能的任務，因為發射之後，他必須掃描天空和海面找一個白色、城市公車大小的物體掉進超過二十五公里外充滿白色浪花的海裡。第二次任務時他犯了個錯誤，當作誘因告訴大橋號的船員，他懸賞一百美元給第一個發現火箭的人。問題是每一兩分鐘就有人假稱看到了第一節火箭。

「不斷有人宣告虛假的目擊，」里奇奇說，「我們以鋸齒狀搜索整個區域，追逐第一節火箭的鬼影。是我出了餿主意，此後我再也不用這個笨招。」

這說明了馬斯克對重複使用的承諾，他犧牲獵鷹1號上寶貴的質量，在拋棄的硬體安裝了降落傘希望能夠回收第一節。他對回收使用的論點很簡單：如果航空公司每次洲際飛行後就拋棄七四七客機，乘客就必須付一百萬美元買機票。同樣地，如果每具飛上太空的火箭都掉進海裡，上太空的成本永遠無法讓大眾去得起，只限少數富裕國家和幾個專業的太空人。為了讓人類成為跨行星物種，馬斯克尋求降低上太空的成本，繼續飛向其他星球。

不過，重複使用實驗的早期回報是當頭棒喝。「我們當時很天真，期待我們在這玩意裝上降落傘就能回收。」馬斯克說，「我們真是大白癡。」

SpaceX靠獵鷹1號火箭一直沒做到。靠獵鷹9號火箭也是胡亂摸索了很久。二〇一〇年初次發射期間，第一節火箭重返大氣層時破裂了。後來公司回收了火箭碎片，包括氦氣壓力槽、浮標降落傘和其中一具引擎的殼架。當馬斯克說他們是「大白癡」，那是因為公司的工程師沒有真正理解裝降落傘對抗重型火箭以數倍音速重返大氣層的能量是徒勞的。

為了找到辦法，SpaceX必須提供某種隔熱盾以保護呼嘯穿過大氣層墜落的火箭。更重要的是，他們必須精通NASA只在模擬與風洞中研究的科技。為了控制獵鷹9號火箭讓它減速，SpaceX必須在大氣層高空重新點燃火箭的引擎，這時火箭的速度是十馬赫。可想而知，很多工程師擔心這個亂流期間第一節火箭的穩定性，此時火箭引擎會直接往急速接近的大氣層點火燃燒。早在二〇一三年九月，SpaceX就開始測試這項稱作超音速反向推進的科技。最後，重返大氣層團隊必須想出在變濃密的空氣中導引火箭掉向降落點的機制。如果目標是迅速回收火箭讓它再度飛行，丟進海裡或許不是個好主意。公司在第一次發射時就學到了關於鹽水腐蝕的教訓。

這要耗費頗多工夫與失敗，但在二〇一五年獵鷹9號火箭第二十一次飛行中，公司讓火箭在夜間安全降落在佛州卡納維爾角空軍航空站的一座嶄新發射台上，距離發射點只有三公里。這次夜間發射與降落之後，離聖誕節只剩三天了，公司的霍桑工廠的員工們大聲歡呼然後開始叫嚷「U－S－A，U－S－A！」

馬斯克很興奮。「我一點也沒信心我們會成功，但我真的很高興，」他談到那一夜，「從SpaceX創立以來已經十三年了。我們經歷過好幾次險境。我想這裡的人都樂瘋了。」

在佛州海岸降落之前，SpaceX密集實驗過讓火箭降落在部署於大西洋外海，沿著發射場的飛行方向處的自動化無人船上。這是簡單的物理。火箭起飛後不久，它會往前傾，逐漸從與地面垂直的姿勢變成水平姿勢，準備進入軌道。這個現象的效應是它與第二節火箭分離時，第一節的位置已經以超高速偏離了發射地。如果你想要回收火箭那就不太妙。要把火箭一路帶回佛州的降落點，必須第一節引擎長時間燃燒，這需要很多燃料。回程要用的任何燃料都不能用在爬升，所以表示要大量犧牲火箭能夠送上軌道的質量。對策之一就是派船到海上幾百公里外，到飛行方向延伸處接住火箭。

不過在海中隨波浪起伏的船上，很難讓火箭降落。需要很優越的電腦程式讓火箭和自動無人船順利會合，以前從來沒人這麼做。直到有人實現。二〇一六年四月八日，獵鷹9號火箭往高地球軌道發射了一顆泰國通訊衛星，接著，第一節火箭彷彿魔法生物降落在戲稱為「我當然還愛你號」的無人船上。那是我見過最令人瞠目結舌的事情之一。生平頭一次，我感覺好像目睹了和我父母在一九六九年目睹阿波羅登月計畫一樣酷的事情。

後來他們又做了一次。又一次。突然間，SpaceX在佛州的機庫裡裝滿了第一節火箭。「連我們都驚訝，我們突然間有十具第一節火箭之類的東西，」柯尼斯曼說，「我們心想，呃，其實我們沒料到這一點。」

如今SpaceX發射火箭，在陸上或海上回收，過了一兩個月再度發射已經稀鬆平常。在不到三年間，典範完全轉變。以前重複使用火箭似乎很新奇，現在把火箭丟棄幾乎像浪費了。公司的競爭對手原本把垂直發射火箭、垂直降落，然後幾個月內再度使用的概念當笑話。這下他們急忙追趕。中國、俄國、日本和歐洲的國營火箭機構都在某種程度上資助可重複使用的研發計畫。在美國的各火箭公司同樣尋求與SpaceX競爭，包括藍色起源和聯合發射聯盟。

SpaceX沒有就此止步。二〇一八年，公司第一次發射獵鷹重型火箭，給它世界最強力的火箭。基本上，這種巨型火箭是把三具獵鷹9號第一節綁在一起構成龐大的第一節。不到十年內，公司從發射單引擎火箭進化到有二十七具引擎。世人從未看過這種事。然後，兩具側推進器返回地球，並肩降落，幾乎像一對同步的游泳天使從天而降。

即使經常沉溺於個人利益與當下政局的唐納・川普總統，也注意到獵鷹重型火箭的優雅發射與降落。「你看那引擎降落回來，沒有翅膀之類的東西，」他在某次競選活動中說，「簡直像是，我們看到了什麼？這是科幻嗎？」

這肯定像是科幻，不過並不是。也不是公司改寫了全球發射產業。二〇一〇年代中期，SpaceX開始做到了低成本、快速發射的承諾。基本的獵鷹9號發射大約要六千萬美元，公司削弱了市場上其他各種主要軌道火箭。長期仰賴歐洲、俄國或中國把他們的大鳥送上太空的商用衛星營運商，幾十年來第一次突然開始聚集回到美國。SpaceX到二〇二〇年已經掌握了全世界大約三分之二的商用衛星發射生意。某些大型機隊營運商到處擴展業務，只為了確保SpaceX的競爭對手不會倒閉。

憑著獵鷹9號火箭，SpaceX在獵鷹1號尋求多樣化客戶最終失敗的地方成功了。獵鷹9號夠強力能捕捉到商用衛星市場，以及NASA的科學任務和空軍的軍用酬載物的大塊市占率。SpaceX也從NASA贏得了貨運與載人合約，現在則是放眼外太空。SpaceX能夠從這些獲利投資在馬斯克最具企圖心的「星艦計畫」（Starship program），他認為這對於把足夠人員和貨物送到火星去建立自給自足的聚落很重要。

公司的成功撼動了航太界的核心。二〇一六年，聯合發射聯盟的工程副總裁布雷特・托比

（Brett Tobey）在科羅拉多大學波德分校的研討會作了坦誠的演講。他不知道被錄音了，但他的評論後來被公開。演講中，托比承認聯合發射聯盟和旗下亞特拉斯與三角洲火箭機隊原本在SpaceX出現之前壟斷了美國空軍的發射工作，現在沒有指望在價格上競爭了。

「我們必須想出怎麼用低得多的成本搶這些案子，」他說到國家安全類的發射合約。托比也承認他的公司向政府收的發射費用大約比SpaceX價格貴三倍。幾天後他就離開了聯合發射聯盟，但其實托比只是說出業界大家已經知道的事。僅僅成立十多年，SpaceX就裂解了全球發射產業。

最後或許也是最重要的，SpaceX確立了壓低上太空成本的新太空精神。它向各民營公司與民間資本證明，與政府合作可以在太空做些很棒的事情。投資人目睹SpaceX以獵鷹1號和獵鷹9號火箭成功之後，企業家就比較容易吸引資金做各種太空創投。

「這幫助了整個產業，」彼得·貝克（Peter Beck）說，他經營成功的「火箭實驗室」（Rocket Lab）公司從二〇一七年以來在紐西蘭發射過十幾次小型的電子（Electron）火箭。「他們證明了民營公司可以成功地把貨物和衛星送上軌道。而且不只發射，也能建造太空船，他們證明了商業公司可以加入通常屬於政府的領域。」

從馬斯克初次開始認真想要上火星至今過了將近二十年。在二〇二〇年初的訪談中，他的心思飄回到進入太空業界的初心。他回想那個灰暗的雨天，與他朋友阿迪歐·雷西在長島快速道路上開車，以及後來他查看NASA網站發現沒有新計畫的挫折感。他無法理解人類從阿波羅計畫以來為何還困在低地球軌道。於是他作了個改變人生的決定，親自投入登陸火星的目標，這個承諾隨著時間越來越強烈。

「那已是十九年前了，我們還是沒上火星。」他說。

「差得遠了。」我回答。

「是啊，」他附和，「差得遠了。真他媽的令人生氣。」

就是這股熱情點燃伊隆．馬斯克，驅使他鞭策他的團隊每天往前進。在他世界裡的決定全靠一個簡單的算計：這能不能讓人類快一點上火星？在他腦中沒什麼別的事情更重要。雖然我們還沒有接近火星，如今我們突飛猛進空前地接近了。馬斯克的第一步是壓低發射成本。他排除萬難做到了。現在他的公司，以馬斯克不斷的催促和二十年來累積的知識，正在建造星艦載具，準備有朝一日把移民送上火星。

SpaceX無可否認地從在艾爾塞貢多卑微地起步，還有在洛杉磯北方山丘嘗試發射的迫切感，已經走了很遠。那是一段魯莽荒唐的歲月，先是用光了液態氧，然後遭遇官僚作風，最後跑到瓜加林。但是從那裡起步的事情改變了世界。總有一天，或許SpaceX也會改變另一個世界——把火星從無生命的紅色星球轉變成生機盎然的綠色伊甸園。

後記

我很幸運為了這本書能與幾十位現任與前任SpaceX員工訪談，通常談了很久。透過他們的回憶，我試著把SpaceX的故事呈現出來，提供一種為了打造這家偉大美國火箭公司而投入多少個人犧牲的概念。我感謝全體這些人撥出的時間。在本書的結尾，我想提出一些最重要參與者的幾個最終想法，附上他們在獵鷹1號草創時期的職銜，更新他們在第四次發射之後的活動狀況，應該很恰當。

克里斯・湯普森（Chris Thompson），結構副總裁

馬斯克對他的員工要求很嚴苛。那些撐過瓜加林煎熬的員工大約半數至今仍留在SpaceX，但是另一半離開了，通常是為了逃離在馬斯克手下變得難以承受的辛勞。很多人跳槽到其他新創火箭公司，追逐和一小撮志同道合的戰士共事的刺激感，無論機率多渺茫，努力建造能從地表上飛起來的東西，並且打破重力的束縛。

克里斯・湯普森說他在二〇〇八年初辭職生效。他從柯斯塔梅薩的自宅開車九十分鐘通勤了近六年，這一切實在太累人了。「我一路忍耐到我厭煩了通勤，我想念我的孩子，我在工作上花

太多時間了，我老婆瀕臨精神崩潰，我覺得我必須作些改變。」湯普森說。他跳槽去他朋友約翰．賈維所創立的公司，賈維是馬斯克創立SpaceX之前給過他建議的火箭科學家之一。湯普森仍然是公司結構部門幕後的驅動力，因為獵鷹9號研發加速，另兩位副總裁介入鼓勵馬斯克留住湯普森當兼職人員。馬斯克同意了。

跟賈維創業後僅僅五個月，公司開始缺錢。所以湯普森吞下他的自尊，寫email給馬斯克，要求改回全職工作。接著他等待了一整天。一星期。然後三星期。通常會用email迅速回覆的馬斯克毫無回應。湯普森猜想他回SpaceX的後路斷了。但是突然，馬斯克打電話給他。

「欸，我看到你的信了，」馬斯克說，彷彿這中間的三個星期不存在。「不如你星期一進來吧？你可以回去你原本的工作。去找傑瑞．費爾德（Jerry Fielder），他會告訴你新的薪水。」湯普森當時很震驚。馬斯克掛斷之前他只結巴著說了些話，加上幾次「什麼？？？」。整通電話過程只有一兩分鐘。下星期一湯普森回到SpaceX見到人力資源主管費爾德的時候，湯普森得到加薪和更多股票選擇權。馬斯克對待湯普森好像什麼都沒發生過。

他在公司多待了四年，下令把獵鷹1號火箭像雪佛蘭一樣拆開，享受發射的成功，親眼見證獵鷹9號經歷前兩次任務。但是隨著公司的營運和研發並重，刺激感消退。在二〇一〇年代前半，SpaceX的主要目標包括讓獵鷹9號火箭能夠經常發射，至少每月一次，幫那些為了低成本火箭蜂擁而來的客戶完成積壓中的任務。湯普森和馬斯克的關係也惡化。當湯普森反對馬斯克，他越來越感覺到老闆的怒意。他們互相叫罵。直到湯普森再也無法忍受的程度。

這段經歷十分精采，也讓湯普森成為富人，但是SpaceX的經驗讓人付出很高的代價。湯普森加入SpaceX時剛滿四十歲。他的小孩正要進入最重要的童年階段。當時他兒子萊恩十二歲。女兒泰勒九歲。接下來在SpaceX的十年期間，湯普森錯過了他們大半的青春期。這段期間他老婆蘇珊也要全職工作。

「那時候真辛苦，」他說，「毫無工作與生活的平衡。造成的衝擊是你見不到自己的小孩。你錯過家長與老師的會議，錯過戲劇公演，錯過足球比賽，錯過棒球賽，錯過排球賽，錯過很多這類在小孩人格形成時期對他們很重要的事情。」

所以湯普森開始把家庭放得比工作優先。他在二〇一二年五月離開SpaceX，去藍色起源短暫工作之後，在維珍銀河公司（Virgin Galactic）安頓下來，當時他們剛開始研發可從改裝的七四七客機空投，在高空發射的小型火箭。這有助於執行長喬治・懷特賽德（George Whitesides）明言每天工作十八小時不是常態。湯普森在維珍待了五年，然後轉往Astra公司帶領工程部門，這家神祕的發射公司設計了一種陽春小型衛星發射器。湯普森說他很喜歡待在那兒。但那又是另一個故事了。

布蘭特・阿爾坦（Bulent Altan），航電系統工程師

馬斯克找上他朋友賴瑞・佩吉之後，阿爾坦夫婦在二〇〇四年移居洛杉磯。接下來的十年間，阿爾坦享受到一輩子最棒的冒險。獵鷹1號和獵鷹9號的初次發射之前，阿爾坦發現全公司都盯著他在天上工作，先是在瓜加林給電容器動手術，然後在佛州修理浸水受損的天線。

他加入SpaceX是因為馬斯克的大膽和SpaceX想要做的大事。「我上學不只是為了參加會議，窩在小隔間裡努力改良一顆螺絲，」他說，「這是一家希望員工做實事的公司。我想要親手做東西，除了SpaceX沒有其他公司會真正給我機會。」

他如願以償。上班第一天，阿爾坦就設計了印刷電路板並且送去製造廠。他笑稱在當時，他在大多數其他公司的第一天結束前可能連網路帳號都還沒設定好。不久，他已經在建造火箭，修理故障，甚至在歐梅雷克島上幫同事做晚餐。他的土耳其燉牛肉大受歡迎到他把食譜寫下來，彷彿那是發射程序，跟同僚們分享。阿爾坦接著繼續帶領SpaceX的航電部門，直到二〇一四年一月離開公司。他在職的最後一天，霍桑總部的餐飲部特別提供他的燉牛肉特餐給員工。

他在二〇一六年回鍋SpaceX又待了兩年。以他的寫程式技能，阿爾坦在公司的星鏈（Starlink）新計畫擔任資深工程師。這個野心勃勃的SpaceX計畫要把幾千顆小型衛星送上低地球軌道，提供全球網路服務。為了連線，衛星群在太空擦身而過時必須互相溝通，為地面上的用戶創造天衣無縫的資料串流。阿爾坦在第一批原型交貨之前就離開了SpaceX。後來他找人共同

創立了創投基金。

有一天，如果你的網路服務來自太空，你要感謝的人就包括這個克服自身懼高症，也碰巧很會做土耳其燉牛肉的傢伙。

安．琴納利（Anne Chinnery），任務經理

瓜加林之後她又幫忙建立了更多發射場。在SpaceX匆忙撤出范登堡的五年後，空軍同意讓公司回到基地。琴納利協助設計與研發讓獵鷹9號火箭在二〇一三年首次從西岸發射的場地。她也在麥格雷戈的公司測試場努力建造垂直發射設施。公司在那裡進行了一連串的降落測試，展示火箭在空中的懸浮與橫向移動能力，以便往後讓第一節火箭降落與回收使用。

但是到了二〇一三年底，在SpaceX待了十幾年之後，琴納利的熱情燒光了。她沒有別的東西可以貢獻了。在早年，工作刺激了她。很辛苦，很刺激，也很有回報。但不知不覺中，也有負面影響。「因為工作從不無聊，很容易忘了自己又累又緊張，」她說，「工作有趣到你總是想要回去做更多事情。」

即使去瓜加林也成為一種負擔。環境很美麗，但是琴納利等人工作太賣力，他們沒什麼機會享受海灘、清澈的海水和陽光。

「最後，那種慢性工作程度與壓力會影響每個人，」她說，「我肯定有些快樂的時刻，等到

我受夠了，為SpaceX工作十一年來的慢性壓力幾乎把我變成了廢人。我離開SpaceX兩年以後才能夠復原。」琴納利沒有後悔。她很珍惜在SpaceX的歲月：「那是我生平最寶貴的經驗。」

到了二〇一五年夏天，她準備好踏出下一步。琴納利開始為小型火箭公司「螢火蟲航太」（Firefly Aerospace）的湯姆．馬庫希克（Tom Markusic）工作。她很驚訝當時與現在之間軍方態度的轉變。為了吸引螢火蟲到范登堡進行發射，空軍官員熱心幫忙，主動尋找各種問題的對策。「毫無疑問，沒有SpaceX就不會發生這種事，」她說，「他們說服其他人商用太空是個實在的生意。他們做到之後，國防部發現他們不是加入，就是被丟包。」

很多像琴納利的人感覺在SpaceX工作的時期被榨乾，因為馬斯克毫不留情地壓迫他們。他的進度表總是很積極。時間就是金錢。馬斯克擔心，抵達火星讓人類成為跨星球物種的窗口可能不會永遠開啟。馬斯克自己的壽命也是有限的。這種對速度的強烈奉獻有了成果。獵鷹1號初次嘗試發射在馬斯克創立SpaceX短短三年十個月之後就實現。公司在四年十個月內抵達「太空」。六年四個月內抵達軌道。剛開始只有三個員工、有限的政府資助，以大多數自製的零件建造火箭和引擎就做到這一切。

比起螢火蟲之類的第二波小型衛星發射公司，這個進度就更加令人佩服了。從SpaceX開始發射火箭上太空以來有幾十家公司創立。你可能以為這些公司會比較輕鬆。發射場歡迎他們。SpaceX又證明了民間資本可以在太空做到有意義的事。監管單位從SpaceX學到了商用發射是怎麼回事，他們有政治使命去幫忙而非阻撓。但是新公司的進度卻比較慢。

只有一家有新科技的公司，火箭實驗室，真正抵達軌道。他們花了十一年七個月才成功。螢火蟲創立於二〇一四年一月，直到二〇二〇年秋天都沒有抵達軌道，連嘗試發射也沒有。維珍軌道公司在二〇一二年十二月開始認真建造小型軌道火箭，也直到二〇二〇年底才抵達軌道。SpaceX最強大的新創太空競爭對手，藍色起源，其實更早創立，在二〇〇〇年。它採取比較按部就班的方法，但傑夫．貝佐斯花了一堆錢，直到二十年後才發射火箭抵達軌道。

琴納利說她認為現在的公司因為市場改變而比較謹慎。蕭特威爾開始推銷獵鷹1號火箭時，客戶急著要更便宜的小型發射服務。現在，有五六家資本充足又有扎實技術規畫的公司。客戶可以等著看誰成功了再簽約，而且他們不再那麼容忍風險。

「那是伊隆帶給SpaceX的特色之一——風險容忍，」琴納利說，「他不想要失敗，但他不怕失敗。我想在很多其他航太公司，還有害怕失敗的心態，他們想要做得更好。」

有這麼多競爭者，現今的公司真的承擔不起失敗。所以他們會多做一點。他們更常測試硬體。如果某個型號顯示出他們的火箭第二節有明顯燃料晃動，他們不會冒險。他們會多花時間去了解問題。因為如果琴納利和螢火蟲的阿爾發火箭失敗一兩次，很可能就不會有第三次或第四次機會了。

他在佛州的初次發射之後留下來見證獵鷹9號火箭又飛了幾趟，包括進行它第一次重大升級，並且從范登堡發射。

不過到那時候，他感覺好像下一代已經冒出頭了。那些研究所一畢業就進入公司的年輕工程師，有的人像柴克・鄧恩、瑞奇・林、弗洛・李和蒂娜・徐，已經躋身高階領導職位。他們的DNA來自SpaceX的草創時期，在艾爾塞貢多的空蕩建築裡，現在正在快速傳播給下一代。他們為早期SpaceX的寒酸添加了成熟中公司的成功經驗。

「以原始DNA來說，我想伊隆一定是關鍵，」布札說，「我不認為少了伊隆事情還會這樣發展。那是百分百確定的。但我也認為有了湯姆・穆勒、漢斯・柯尼斯曼、克里斯・湯普森和我這些人很重要。我們引進了一些老牌航太的經驗，但也願意完全被伊隆塑造以改變我們的思維。」

這樣未必永遠行得通，例如吉姆・梅瑟，他也有傳統的經驗。但這位早期從業界加入SpaceX的副總裁承認馬斯克的緊迫盯人管理風格有它的好處。他賦權給員工去做其他公司需要委員會、文書工作和檢討放行的事情。在SpaceX，如果他們能說服公司某領域的總工程師，他們也能贏得財務長的認可，因為他們都是一體的。

NASA的兩大合約——先是二〇〇六年的COTS協議，然後是二〇〇八年底的

CRS——把公司推升到新高度。早期，SpaceX只有大概一百五十人的時候，馬斯克嚴格限制人數和資源。意思是那些初期員工必須做三到四人份的工作，以趕上嚴苛的進度。意思是布札必須有一夜從德州透過電話講睡前故事給小孩聽，飛回家待幾天，然後接下來兩個月在瓜加林進行發射活動。NASA的資金改變了這一切。

「我不想貶抑獵鷹1號以來的任何成就，」布札說，「真是難以置信。但他們肯定有錢和資源能夠允許不只是按部就班做事，還能加快速度。」

照例，馬斯克仍是加速幕後的主要驅動力。努力讓獵鷹1號成功的同時，他也想要獵鷹5號的規格。然後他的小公司接受同時建造獵鷹9號火箭與天龍號太空船的挑戰。二〇一〇年代中期，公司已經開始研發在價格與性能上號稱世界最佳的火箭，馬斯克催促進行快速重複使用，然後推出獵鷹重型火箭，還有星鏈網路衛星，以及星艦和超重型發射系統。

這不可思議的龐大壓力損耗了他的員工，但對馬斯克這種只看到狹窄窗口可執行他的廣泛願景的人來說，沒有其他辦法了。

「有時候這會有點令人煩躁，」布札說，回想馬斯克在瓜加林管制中心初次發射最終倒數期間，專注在獵鷹5號火箭的情景。「我在這裡拚命解決獵鷹1號問題，你卻拿獵鷹5號的事來煩我們。但如果你沒有那樣的人逼你往未來前進，疊代速度就太慢了。真的太慢。」

布札在二〇一四年中離開SpaceX，加入在維珍的湯普森。四年後他又跳槽到火箭公司「相對論太空」（Relativity Space），在那裡擔任公司的資深工程師。相對論太空在大膽方面可說是SpaceX的精神傳人。它尋求用3D列印出整具火箭來加速研發並壓低成本。有朝一日，它渴望3D列印出火箭登上火星，然後從火星發射。布札無疑會在其中扮演重要角色，如同他在本書中做過的事。本書中的許多故事是從布札的提示開始。許多細節來自他的註記和時間表。他回答過我的很多問題，讓這個故事更加真實得多。如果你喜歡這本書，你欠提姆．布札一杯啤酒。我虧欠他很多。

湯姆．穆勒（Tom Muller），推進系統副總裁

無情的壓力終於在二〇一三年底壓垮了湯姆．穆勒。十二年來，他每天長時間工作，包括週末，讓獵鷹火箭成功。同時，他女兒的成長期間，他錯過了。那些年來的壓力最後導致離婚。「那是關鍵時期，而我不常在他們身邊。」穆勒談及他的家人。

工作本身也改變了。在SpaceX多年下來，穆勒帶來梅林引擎成功的三個願景，感覺他的梅林1D型幾乎達到完美，從二〇一三年以後就推動著獵鷹9號火箭。藉著學到的教訓和更好的科技，例如更有效率的渦輪幫浦，最終的梅林能比梅林1A的七萬六千磅（約三十五噸）產生兩倍多的推力，達到十九萬兩千磅（約八十四噸）。但到了二〇一三年，這工作大致完成了。量產和研發不同，隨著霍桑工廠製造出越來越多各有九具引擎的火箭，穆勒厭倦了深夜接到供貨商問題

的電話。

「我心想，你知道的，這不是我擅長的事，」穆勒回憶當時的想法，「我是研發引擎的。所以我告訴伊隆我要開始退場了。葛溫也在那場會議上，她嚇壞了。」

藉由銷售經驗，蕭特威爾了解穆勒對SpaceX品牌，還有更重要的，自製火箭引擎的重要性。她和馬斯克說服穆勒留下來多做三次用新型梅林1D引擎發射的獵鷹9號火箭，猜想這樣能取信衛星營運商，號稱新型改良的推進系統真的有改善。六個月後，穆勒回去找馬斯克再度要求。馬斯克發現他的推進系統主管是認真的。於是他們想出一個計畫讓穆勒有新頭銜，叫作科技長。

「那是鬼扯，」穆勒說，「但是個好頭銜，以免看起來好像我要退場了。」隨著工作量減輕，穆勒的身體健康有所改善。他原本打算在脖子上因為壓力造成神經根病變處動手術。但他退位之後，取消了手術。

這位來自愛達荷的昔日伐木工人向來喜歡快速的東西，把賽車當嗜好。身為SpaceX的推進主管，每當賽後穆勒踏出他的保時捷，都必須查看手機。通常馬斯克會打來問些問題或有其他事要求回應。「我的維修主任總是說，『穆勒，如果你沒辦法專心在賽車，就不應該下場比賽，』」他說，「我會說，『不，不，我很專心啊。』」

雖然在私生活有很多犧牲，但是穆勒對於在SpaceX時期沒什麼遺憾。穆勒離開公司之後，梅林被馬斯克和他留下的推進團隊提升了。但是基本設計仍然相同。每個月至少一次，他有榮幸看著自己設計的引擎發射火箭上太空，然後小心地導引它回到地球。梅林1D引擎同時推動了超有效率的獵鷹9號火箭和世界最強力的獵鷹重型火箭。二〇二〇年五月，從太空梭退役以來，初次從美國本土用九具梅林引擎把NASA太空人發射上太空，終結將近十年的缺口。穆勒緊張地看著這次任務。他負責天龍號太空船的十六個天龍座和八個超級天龍座推進器、第二節的梅林真空引擎，以及第一節九具梅林1D型的初始設計——總共三十四個引擎。現在，史上第一次，任務涉及人命了。最後這些引擎表現很優異。

四天後，另一具獵鷹9號火箭又發射了一堆衛星。這是第五次用這型第一節進入軌道。最近，他的梅林引擎總是飛個不停。

「我非常、非常以我們做的事情為榮，」他說，「梅林1D是很棒的引擎。我超驕傲的。猛禽引擎我就沒太多功勞了。我設計了最初的猛禽，但是它改變了很多，我不敢居功。我給它命名，我也雇用與訓練了研發猛禽的團隊。那算我的功勞。但是梅林1D才是我的小孩。」

柴克・鄧恩（Zach Dunn），推進系統擔當工程師

鄧恩畢業就盡快加入SpaceX，而且鞠躬盡瘁。他加入時正巧傑瑞米・霍曼想離職，他很快就不知不覺成為業界傳奇的穆勒的副手。在第四次發射的英雄表現之後，鄧恩繼續隨著公司成

長，在推進與發射方面擔任許多領導角色。為了本書接受訪談時，鄧恩已經是SpaceX的生產與發射資深副總裁。

來到SpaceX的工程師通常了解他們會被這份工作榨乾。工作可能消耗掉一切。但批評這些工作進度的人無法理解的是，大多數SpaceX新進人員是自願接受這種條件。他們想要通往世界最偉大冒險的黃金門票。

兩萬五千呎（約八公里）高空飛行的C-17運輸機裡，鄧恩在內爆的火箭裡爬行，全公司的命運掌握在他手裡。但他的旅程沒有就此結束。十年後，他仍然置身在各項挑戰的前沿，挑戰各種可能，無論是把火箭降落在船上，還是建造星際星艦。畢竟SpaceX想要上火星，沒有任何公司、航太機構或國家曾經做到這件事。SpaceX會成功嗎？也許不會。但是對於冒險犯難的人，這肯定好過在做事遲緩的政府職位上搞文書工作，或參與每次新總統搬進白宮就被取消的大型探索計畫。

鄧恩會再做一遍，毫不猶豫。

「當然，我付出很多，」他說，「我投入了，呃，我人生最棒超有生產力的歲月。但這是我想做的事。我竭盡全力，甚至沒有女朋友或休閒。我他媽的毫無保留，而且我真心想要。我不認為這是負擔，這是一種交換。」

他一直交換到二〇二〇年五月，這時鄧恩跳槽到相對論太空去加入布札。他想再度加入克服逆境的小團隊，從零開始建造硬體。或許，鞠躬盡瘁將近十五年後，他沒什麼可以為SpaceX喧鬧又自以為是的任務犧牲了。鄧恩也允許自己期待多花時間陪伴膝下四歲的雙胞胎，佐拉和西奧多。

鄧恩就像本書中的其他人，象徵著SpaceX的熱情與重金屬精神。他在麥格雷戈的測試架上盡情搖滾，在歐梅雷克扮演先鋒。不過，雖然在SpaceX沒人比柴克·鄧恩更賣力搖滾，樂團仍會演奏下去。鄧恩離開公司後短短兩週，搭乘第一艘載人天龍號太空船的太空人前往發射台，途中仍大聲播放著AC／DC樂團的〈Back in Black〉。

弗洛倫斯·李（Florence Li），結構擔當工程師

她對離開SpaceX從來沒想太多。研發獵鷹1號經歷過整段瓜加林歲月之後，弗洛繼續參與獵鷹9號發射計畫。她喜歡在SpaceX的急迫感，因為感覺好像她真正幫上忙做了些事情。當SpaceX改變世界，弗洛也感覺與有榮焉。她仍未放棄有朝一日上太空的夢想，但現在感覺好像她在SpaceX擔任工程師設計與建造能上太空的東西，是追求一個更深刻的目標。

像布札一樣，弗洛把公司成功的一部分歸功於馬斯克雇用了一支傑出副總裁的團隊，他們兼有優異的科技能力與良好的領袖特質。這些領導者與手下像弗洛這種年輕工程師們，在獵鷹1號的壓力鍋裡凝聚成一體，促成了獵鷹9號的研發，以及後續。但那不只是用人。馬斯克在這一路

上的每一步都參與其中。

「有了伊隆讓事情簡單多了，因為他事必躬親，他做那些困難的決定，」她說，「當那種時機來臨，他會介入作那些困難決定，例如我們做不做某件事？我們現在該做什麼？他總是讓我們專心在那個願景。他從來不讓我們擺脫任何小細節的責任，但他永遠會確保我們也跳出來看清大局。我想保持那樣的專注力真的很重要。」

然後，這位升降機女王承認，或許SpaceX這一路也交上一些好運吧。

布萊恩·畢爾德（Brian Bjelde），任務經理

第四次發射之後，畢爾德離開了工程職務。並非因為他是個差勁工程師。正好相反。而是因為畢爾德有強大的人際技能，經證明與客戶合作、撰寫提案和推銷SpaceX品牌時很好用。日積月累，畢爾德發現從曬傷與雙腿擦傷轉換到推銷和印度奶茶挺適合他的。

馬斯克也喜歡看到的成果。雖然畢爾德缺乏人力資源背景，馬斯克仍在二〇一四年要求他當人力資源副總裁。以SpaceX重視用人的程度，這真的是幫畢爾德背書。結果實驗成功，他至今仍在這個職位上。

畢爾德很樂意為了本書講述獵鷹1號火箭的故事，因為他希望SpaceX雇用的每個新人都能體驗到歐梅雷克島的艱苦生活，那種公司不成功就得倒閉的時刻。

「這強化了公司的DNA，」他說，「它仍然在我們現在作的決策裡。我在主管會議室開會的時候，我們有一幅歐梅雷克島，以及獵鷹1號火箭的照片。它重新校準你的心態模式。很多先前的老員工還在，現在當上領導職務了。它是我們現今用來作決定的篩子或濾網。我們經常聊到從前。我們總是想要更有效率，在某些方面更像以前的我們。」

如今，他必須說服有才華的年輕工程師，他們在SpaceX上班不會完全失去自己的私生活。畢爾德說他在獵鷹1號成功後找到了平衡，在二〇一〇年娶了大學時期的女友，生了兩個女兒建立家庭。「留在JPL或類似的其他單位工作，對我會輕鬆得多，」他說，「這是個代價與犧牲，但我說什麼也不會放棄。」

漢斯．柯尼斯曼（Hans Koenigsmann），航電副總裁

馬斯克雇用來SpaceX工作的最早員工之中，只有柯尼斯曼留下來⑧。他珍惜作為公司老手的角色，幫助引導大多數較年輕員工的天賦。雖然很多最聰明的工程師把明亮的眼神看向星艦計

編按⑧：後擔任任務保證副總裁，直到二〇二一年退休。

畫，身為任務保障副總裁的柯尼斯曼保持專注在獵鷹9號火箭與天龍號太空船。把那些核心計畫做好很重要。他對此很固執，就像你預期德國工程師該有的樣子。

過去十八年來，他老婆配合他的瘋狂工作進度和不時往返瓜加林、佛州和德州，因為她知道他工作時最快樂。一路上，他的小孩都長大成年了，也從老爸的故事得到啟發。

他的么女是電力工程師，最近開始在波士頓的一家小公司上班。「我擔心的一件事情是，或許她以為上班就該是這樣，」他說，「或許她認為找家小公司，十年後它就會成長到五千人。事情沒這麼簡單。我感覺我只是在正確時機，正確時間遇到了正確的人。」

柯尼斯曼推崇馬斯克是公司成功的主要原因。他總是負責作最困難的決定。他不拖延問題，而是先克服最困難的問題。而且他有航太業可以怎樣用較少錢做得更快的願景。柯尼斯曼說，從一開始馬斯克就希望SpaceX竭盡所能自製各種火箭，擺脫供貨商在成本與進度上的各種變數。但最主要的，柯尼斯曼說，是馬斯克看出工程天賦然後激勵員工做到非凡大事的能力。馬斯克懂訣竅去啟發工程師做他們認為超出自身能力的事，他們達成不可能的事之後再邁向下一個目標。

「這家公司有很多人才，」柯尼斯曼說，「伊隆的主要能力是快速評估別人再選出適合的人。對啊，他真的很會。這方面我也跟他不一樣。有時候我面試新人說，『不行，他太糟糕了。』伊隆卻說，『不對，你錄用他們吧。』有時候則是反過來。他通常是對的。」

葛溫．蕭特威爾（Gwynne Shotwell），業務發展副總裁

二〇〇八年成為SpaceX總裁之後，蕭特威爾沒有回頭。雖然大半個航太產業聽到馬斯克預言何時會實現關鍵發射往往猛翻白眼，大家都很重視蕭特威爾。不僅如此，即使SpaceX想打破一切秩序，幾乎整個產業的人都喜歡她。

二〇一六年，獵鷹9號火箭的第一節初次降落在自動無人船之後，公司的競爭對手或許有點擔心地檢討過自己的商業模式。但他們也尊重SpaceX所做的事。聯合發射聯盟的執行長托瑞．布魯諾（Tory Bruno）就送過花祝賀蕭特威爾升職。

馬斯克和蕭特威爾，結果證明他們很搭。她了解他想要改變的產業。當他推動那些改變，她幫忙引導他，陪著他經歷過所有訴訟、抗議和施壓活動。一路上，她最欣賞的馬斯克特質，就是他看出問題並且找到對策的堅決心態。

「他看到問題的反應不是『喔，真可惜。』他的反應是解決它。他與眾不同，」她說，「我一直不懂詆毀他的人，說他只是為了騙政府錢加入的憤世嫉俗者。真是鬼扯。他從「火星綠洲」（Mars Oasis）起步。他想做火星綠洲是因為他希望大家了解在火星生活是做得到的，我們非去不可。」

蕭特威爾本身一開始也不相信上火星這回事。「我有點當耳邊風，」她說，「我根本不相信。」現在她信了。

伊隆．馬斯克（Elon Musk），創辦人

那麼掌門人呢？打從他的火箭公司草創期，馬斯克就從半匿名的網路富豪升格為億萬富豪、國際名流的地位。撰寫這本書時，他是世界富豪榜的第五名[9]。但在骨子裡，馬斯克仍是同一個熱情、書呆子氣、充滿使命感的人，創立SpaceX讓人類成為跨星球物種。他說起火星仍然同樣誠懇。在二〇〇二年似乎很荒謬的目標，現在只是好像有點太大膽。

討論期間，當我催促馬斯克回想他的火箭公司早年細節，他會停頓好一會兒，閉上眼睛。這想必是他專心的方法，他的淚水開始盈眶。從第四次發射成功以來發生了好多事。現在他同時帶領稱霸全球的火箭公司SpaceX與電動車公司特斯拉，尋求的唯一目標是讓人類擺脫化石燃料換成可再生能源。馬斯克也在二〇一六年創立Neuralink公司，建造能直接與人腦互動的機器，他還組了家公司The Boring Company在擁擠城市的地底下挖隧道。

簡單說，當我把他的回憶帶回歐梅雷克小島，馬斯克顯得心事重重。他想要幫忙。馬斯克了解獵鷹1號火箭對他人生的重要性，它的一次成功如何在許多方面激發轉變。本書出現之前，他從未同意說出完整的故事，或允許作家在SpaceX內部自由觀察，找員工談公司成形的年代。但馬斯克希望我為了這本書和所有人談過。他是說真的。

「那是很戲劇性的情況，」他說到從歐梅雷克發射火箭。「那是個好故事。但是現在回想起來比當時好太多了。」

馬斯克語畢大笑，然後又停頓了一會兒。他的心思轉為遺憾。他有個缺憾。馬斯克不像故事中的其他人那麼常去歐梅雷克，但他的當地見聞足以熟悉那個地方。「我對那個島瞭若指掌，」他惆悵地說，「我想我或許應該再稍微放鬆一點。你知道的，在該死的沙灘上喝杯雞尾酒也無妨的。一杯就好。跟整個團隊去沙灘上喝一杯。我從來沒那麼做。其實無妨的。」

現在也無妨。他還有時間。

編按⑨：根據美國財經雜誌《富比士》公布的二〇二二年全球富豪榜，馬斯克以資產淨值二千二百億美元成為世界首富。

致謝

我寫這本書寫得很愉快。我每次幾星期讓精神遁逃到半個地球外的異國場地，聆聽那些在瓜加林環礁苦熬化不可能為可能的人講故事。為了這個體驗，我要感謝很多人。

名單必須從伊隆．馬斯克開始。當我在二〇一九年初首次提案這本書的概念，他爽快地同意了。他給我的訊息是我最好跟每個人都談過。有了這個訊號，SpaceX的現役員工和離職員工都同意與我詳談他們的經驗。伊隆本人撥出很多時間，慷慨地邀我去公司的霍桑工廠旁聽他關於星艦、星鏈、猛禽引擎和其他計畫的技術會議。這有助於我了解他的領導風格。他也打開在波卡奇卡帳篷下的工廠大門，裡面的新生代工程師正在建造星艦，看來很類似獵鷹1號時期的疊代、快步調風格。

我為了寫這本書訪談了幾十個人，我對早期員工最驚訝的是，湯姆．穆勒，克里斯．湯普森，漢斯．柯尼斯曼，葛溫．蕭特威爾，提姆．布札等人看到這個故事被說出來有多麼焦慮。對他們很多人來說，在瓜加林等地炎熱揮汗那幾年，既是他們人生中最困難也是最有收穫的歲月。我只能希望我沒辜負他們對我能完成這項工作的信任。

一路上有好多人協助我。沒有我的經紀人傑夫．許瑞夫（Jeff Shreve）就不會有這本書，他讀到我在Ars Technica科技新聞網站的專題文章，看出發展成一本專書的潛力。最後他說服我關於SpaceX的草創歲月有很多故事可說，他說的沒錯。在William Morrow出版公司，執行編輯毛洛．迪普雷塔（Mauro DiPreta）搶先看到這個主意的潛力，他和尼克．安夫雷（Nick Amphlett）高明地指點我通過寫作與編輯流程。我以前沒寫過書，我從他們身上學到很多。我在Ars的正職編輯肯．費雪（Ken Fisher）、艾瑞克．邦格曼（Eric Bangeman）和李．哈金遜（Lee Hutchinson）也很支持這十八個月來的彈性行事曆。在SpaceX，詹姆士．葛里遜（James Gleeson）、維德爾．威爾遜（Verdell Wilson）和傑恩．巴拉哈迪亞（Jehn Balajadia）都很幫忙確保當我必須找公司的某人談，我一定及時找得到人。

然後還有我的家人，在這整個過程忍受我並支持我的努力。我對寫作的熱愛來自家父布魯斯．伯格（Bruce Berger）。他一直是個作家，我年輕時，他會修改我胡亂寫的文章。我的女兒安娜莉和莉莉很乖又很支持我，提供食物、愛心與青少女戲謔式的慷慨協助。最後是內人亞曼達。很多次她需要我的時候，我戴著降噪耳機，或說我必須熬夜寫稿完成某一章。我寫完草稿後，她會忠實地看完告訴我寫得很好，即使並非如此。我愛妳；這本書是獻給妳的，謝謝妳總是相信我。

二〇〇二到二〇〇八年間SPACEX的關鍵員工

伊隆・馬斯克（Elon Musk），執行長

瑪莉・貝絲・布朗（Mary Beth Brown），助理

湯姆・穆勒（Tom Muller），推進副總裁

傑瑞米・霍曼（Jeremy Hollman），推進研發總監

迪恩・小野（Dean Ono），太空推進總監

葛倫・中本（Glen Nakamoto），梅林引擎設計師

柴克・鄧恩（Zach Dunn），梅林研發

凱文・米勒（Kevin Miller），梅林研發

強・愛德華（Jon Edwards），Kestrel研發工程師

艾瑞克・羅莫（Eric Romo），推進分析

克里斯·湯普森（Chris Thompson），結構副總裁

麥克·科隆諾（Mike Colonno），主結構工程師

弗洛倫斯·李（Florence Li），主結構工程師

克里斯·漢森（Chris Hansen），分離系統工程師

山姆·狄馬喬（Sam DiMaggio），力學總監

傑夫·里奇奇（Jeff Richichi），結構總監

瑞克·科提茲（Rick Cortez），資深結構技師

漢斯·柯尼斯曼（Hans Koenigsmann），航電副總裁／發射總工程師

菲爾·卡索夫（Phil Kassouf），資深航電工程師

史提夫·戴維斯（Steve Davis），導向、導航與控制

克里斯·史隆（Chris Sloan），飛航軟體

布蘭特·阿爾坦（Bulent Altan），航電工程師

蒂娜·徐（Tina Hsu），航電工程師

布萊恩·畢爾德（Brian Bjelde），航電工程師

提姆・布札（Tim Buzza），發射與測試副總裁

肯頓・盧卡斯（Kenton Lucas），發射地面支援設備

崔普・哈里斯（Trip Harris），軟體

賈許・榮格（Josh Jung），地面管制員

喬・艾倫（Joe Allen），麥格雷戈主管

瑞克・林（Ricky Lim），火箭整合

安・琴納利（Anne Chinnery），場地研發

喬治・「奇普」・巴賽特（George "Chip" Bassett），發射基礎建設

艾迪・湯瑪斯（Eddie Thomas），資深推進技師

葛溫・蕭特威爾（Gwynne Shotwell），業務發展副總裁

大衛・季格（David Giger），第一次發射任務經理

鮑伯・李根（Bob Reagan），機械加工營運副總裁

布蘭登・史派克斯（Branden Spikes），資訊長

大事記

二〇〇二年

五月六日　伊隆・馬斯克創立SpaceX

十月三十一日　第一組瓦斯發電機全程測試點火（莫哈維，加州）

二〇〇三年

三月十一日　第一次梅林引擎推力室點火（麥格雷戈，德州）

五月三十一日　SpaceX員工初次走訪瓜加林

七月二日　第一具梅林引擎渦輪幫浦測試（莫哈維）

十二月四日　獵鷹1號模型在國家航空與太空博物館外展示

二〇〇四年

二月十七日　第一節火箭初次裝填推進劑（麥格雷戈）

二月二十二日　第一具Kestrel引擎推力室點火（麥格雷戈）

七月一日　第一具完成的梅林引擎點火測試（麥格雷戈）

十月五日　獵鷹1號火箭豎立（范登堡空軍基地，加州）

二〇〇五年

五月二十七日　獵鷹1號靜態點火測試（范登堡）

十一月二十七日　在瓜加林第一次嘗試靜態點火（歐梅雷克島）

十二月二十日　第一具獵鷹1號嘗試發射（歐梅雷克島）

二〇〇六年

三月二十四日　獵鷹1號，第一次發射（歐梅雷克）

八月十八日　SpaceX贏得NASA的COTS合約

二〇〇七年

三月二十一日　獵鷹1號，第二次發射（歐梅雷克）

二〇〇八年

八月三日　獵鷹1號，第三次發射（歐梅雷克）

九月三日　C-17載運獵鷹1號第一節離開洛杉磯

九月二十八日　獵鷹1號，第四次發射（歐梅雷克）

十一月二十二日　獵鷹9號全程點火測試（麥格雷戈）

十二月二十二日　SpaceX贏得NASA的CRS合約

二〇〇九年

七月十四日　獵鷹1號第五次發射，也是最後一次（歐梅雷克）

二〇一〇年

六月四日　獵鷹9號初次發射（卡納維爾角，佛州）

十二月八日　天龍號貨運太空船初次發射（卡納維爾角）

二〇一八年

二月六日　獵鷹重型火箭初次發射（甘迺迪太空中心，佛州）

二〇一九年

八月二十七日　星蟲五百呎（一百五十二公尺）測試飛行（波卡奇卡，德州）

二〇二〇年

五月三十日　第一批太空人搭乘天龍號發射（甘迺迪太空中心）

八月四日　首艘真實比例星艦原型測試飛行五百呎高（波卡奇卡，德州）

布蘭特·阿爾坦的土耳其燉牛肉

「任何地方需要美味晚餐時就做這道菜。」

材料

二到三顆洋蔥
五到六瓣大蒜
四百五十克牛絞肉
½杯（一條）奶油
食鹽與現磨黑胡椒
三盒四百五十克裝義大利貝殼麵
一包九百克普通優格
一湯匙土耳其紅椒粉，再多一點裝飾用
新鮮薄荷葉

作法

一，洋蔥切碎。

二，壓碎大蒜皮，剝掉，切掉硬質的莖。

三，牛絞肉分成兩小塊比較容易煮熟。

四，在加熱到中高溫的大鍋裡融化一湯匙奶油。

五，洋蔥加到融化奶油裡，攪拌直到變成半透明狀。

六，加入牛絞肉與洋蔥一起翻炒，確保用堅固鍋鏟把牛絞肉分成幾小塊。過程中加入鹽與黑胡椒調味。

七，牛絞肉熟透又釋放出肉汁之後，加入義大利麵，在鍋裡倒水直到淹過麵體一・五公分。

八，煮麵的同時，在碗裡把優格混合二到三湯匙鹽，壓碎先前的剝皮大蒜。徹底混合均勻。

九，剩餘奶油放在小鍋裡加入土耳其紅椒。還不用煮熟，但要備妥迎接飢餓的眾人前來。

十，當義大利麵快要熟透吸收了大多數的水，把要吃飯的人叫來。

十一，他們排好隊準備吃飯時，打開小鍋的火讓奶油融化冒泡。

十二，每人的擺盤，把煮乾的麵體與牛絞肉混合物盛到他們餐盤上，淋上優格混合物，再把奶油混合物滴上去。

十三，想要多少就撒上多少薄荷和紅椒粉。

大快朵頤！

這份食譜由原創者布蘭特・阿爾坦慷慨貢獻。現在你也可以在家品嘗歐梅雷克島的滋味了。

belle vue 38

SpaceX升空記
馬斯克移民火星．回收火箭．太空運輸．星鏈計畫的起點

作　　者　艾瑞克．伯格（Eric Berger）
譯　　者　李建興
執 行 長　陳蕙慧
總 編 輯　曹　慧
主　　編　曹　慧
封面設計　比比司設計工作室
內頁排版　思　思
行銷企畫　陳雅雯、林芳如、汪佳穎
社　　長　郭重興
發行人兼出版總監　曾大福
編輯出版　奇光出版／遠足文化事業股份有限公司
E-mail: lumieres@bookrep.com.tw
粉絲團：https://www.facebook.com/lumierespublishing
發　　行　遠足文化事業股份有限公司
http://www.bookrep.com.tw
23141新北市新店區民權路108-4號8樓
電話：(02) 22181417
客服專線：0800-221029 傳真：(02) 86671065
郵撥帳號：19504465 戶名：遠足文化事業股份有限公司
法律顧問　華洋法律事務所 蘇文生律師
印　　製　呈靖彩藝有限公司
初版一刷　2022年10月
定　　價　450元

歡迎團體訂購，另有優惠，請洽業務部（02）22181417分機1124、1135

LIFTOFF: ELON MUSK AND THE DESPERATE EARLY DAYS THAT LAUNCHED SPACEX
by ERIC BERGER

SpaceX升空記：馬斯克移民火星．回收火箭．太空運輸．星鏈計畫的起點 / 艾瑞克．伯格（Eric Berger）著；李建興譯. -- 初版. -- 新北市：奇光出版：遠足文化事業股份有限公司發行, 2022.10

面；　公分

譯自：Liftoff : Elon Musk and the desperate early days that launched spacex.

ISBN 978-626-96139-7-7（平裝）

1. CST: 馬斯克（Musk, Elon）　2.CST: 航太業　3.CST: 太空飛行
4.CST: 火箭　5.CST: 傳記

484.4　　111013524

線上讀者回函